Music is the Mathematics of Sense,
Mathematics is the Music of Reason.

数学 理性の音楽
自然と社会を貫く数学

岡本和夫＋薩摩順吉＋桂 利行＝[著]

東京大学出版会

Mathematics: The Music of Reason
Mathematics Pervading Nature and Society
Kazuo OKAMOTO, Junkichi SATSUMA and Toshiyuki KATSURA
University of Tokyo Press, 2015
ISBN978-4-13-063902-6

0　はじめに

♪　ディズニー『レット・イット・ゴー』（『アナと雪の女王』より）

　本書は 2007 年度から 4 年半にわたって放送大学で行われた講義「自然と社会を貫く数学」のために準備された「印刷教材」[1]に加筆と修正を加えたものである．本書をまとめるにあたってその数学的なテーマは変更されておらず，基本的に微分方程式と整数を中心とした代数学の 2 点である．また，自然や社会と深く関係した数学を紹介するという視点も変えていない．したがって，「印刷教材」の「まえがき」から内容の紹介を引用することは無駄ではない[2]．

　　自然現象を調べること，とりわけ物理学による自然の解析には微分方程式が欠かせない道具となっている．どのようにして微分方程式の概念に到達したのかという歴史的な視点を出発点として，基本的な理論を自然現象と比較しながら学ぶ．これが第一のテーマである[3]．
　　代数学は数学の中でもとりわけ抽象の度合いが大きい分野であるから，学習に際して困難を生みやすい．しかし，現代の社会生活に不可欠なネットワークの基礎には，長い間調べられてきた代数学，とくに整数に関する理論が使われている．このような数学を具体的な例を対照しながら紹介することが後半のテーマである[4]．

---

1) 放送大学の講義ではあらかじめ配布される教科書を「印刷教材」という．
2) 当然ミスプリントなどは適宜修正している．
3) 第 1 章から第 9 章がこのテーマに関係している．
4) 第 10 章から第 14 章が後半のテーマを扱っている．

各章の内容はおおよそ次のようになっている[5]．

　第1章「生活と数学」　数学という学問が誕生したきっかけを，「測ること」と「記録すること」をテーマに考える．

　第2章「数学の形」　数学のあり方を具体例に沿って考えてみる．一言で数学といっても，「言葉」，「道具」，「対象」の3つの働きを持っている．

　第3章「自然の表現」　ニュートンの運動の法則は微分方程式で表される．天体の運動を表す微分方程式を調べるために微分積分学が誕生したと言っても過言ではない．

　第4章「振動の方程式」　簡単な微分方程式として調和振動の方程式を扱う．簡単なモデルであるが，その後の発展の規範となった方程式でなかなか奥が深い．

　第5章「自然と数学」　自然の解析のためにどのように数学，とりわけ微分方程式論が発展してきたのかを考える[6]．

　第6章「現象の数理」　自然現象を表す方程式である偏微分方程式の紹介をする．自然の形に伴って偏微分方程式はその形を変える．「熱方程式」，「調和方程式」，「波動方程式」の3つのタイプがあり，数学的に異なる性質を持っている．

　第7章「拡散方程式と調和方程式」　熱の現象を表す偏微分方程式は，フーリエ解析など汎用性の高い数学的道具を生み出し，いろいろなことがらに応用されている．

　第8章「波動方程式」　文字通り波の方程式である．熱は高温部から低温部へと一方方向に変化するが，波はあらゆる方向に伝播していく．

　第9章「非線型現象」　これまで紹介した偏微分方程式は線型であった．非線型偏微分方程式は数学的な解析は難しいが，面白い自然現象を表現している．

　第10章「社会と数学」　社会の中に活かされている数学は多様である

---

[5] 第1章から第4章を岡本和夫が，第6章から第9章を薩摩順吉が，第11章から第14章を桂利行がそれぞれ担当執筆している．
[6] 薩摩順吉と岡本和夫の対談である．

が，その中から代数学をテーマとして，数学が社会に果たしている役割を考える[7]．

第 11 章「数の世界」 まず手始めに整数が作り出す数学の世界を紹介する．何千年にも及ぶ数学の大切なテーマである．

第 12 章「有限の世界」 整数はもちろん無限個あるが，ここでは有限体という有限の世界を紹介する．この抽象的な対象が応用面でも大切である．

第 13 章「セキュリティーと数学」 インターネットの安全性を支えている数学理論，暗号の数理について解説する．

第 14 章「デジタルと数学」 有限の世界はデジタルである．通信などに使われている誤り訂正符号がこの回のテーマである．

第 15 章「文化と数学」 全体のテーマ「自然と社会を貫く数学」をあらためて考える．さらにこの先を学ぶための入り口となることを目指している[8]．

以上，この印刷教材の内容は一般の数学教科書とは少し違っているが，必要なことがらは基礎からきちんと紹介してある．これから自分の興味ある分野で数学を積極的に使っていかれるよう期待している．なお，第 1 章のはじめにもこの授業全体について述べているので，参照してほしい．

放送大学の講義のときは，著者 3 人で内容を相談して放送教材[9]の作成にあたった[10]．本書を編集するにあたって，第二のテーマである代数学に関する部分は他の章と若干スタイルが違っていたので，記述と表現を全面的に改めた．この改訂に伴い，第 1 章は，「生活と数学 I」となり，第 13 章の章タイトルは，「生活と数学 II —— セキュリティー」，第 14 章の章タイトルは，

---

[7] 桂利行と岡本和夫の対談である．
[8] 薩摩順吉，桂利行，岡本和夫の鼎談である．
[9] ラジオで放送された数学の講義である．
[10] 当時岡本が放送大学の客員教授であり講義科目の主任講師であったので，印刷教材の著者は名目上岡本の一人だけになっていた．本書を出版するに際して本来の姿に戻した，と理解していただきたい．

「生活と数学 III —— デジタル」と変更された．前半の部分も必要な修正を加えてある．また，編集の機会に鼎談を行い，あとがきに代えて第 ∞ 章として付け加えた．

本書のタイトルはシルベスター[11]の "Music is the mathematics of sense, mathematics is the music of reason" による[12]．本書を通して数学を楽しんでいただきたい，という著者の思いの表れとしてご理解いただきたい．

「印刷教材」のタイトル「自然と社会を貫く数学」は，放送大学の講義を企画するときの，放送大学長岡亮介教授（当時）と岡本の強い思いを表している主題なので，本書の副題として残した．これは本書の著者 3 人の思いでもあり，この本を手に取ってくださった読者のみなさんに読み取っていただきたいテーマである．

本書を編集するにあたり，放送大学教育振興会には印刷教材の転用を了解していただいた．最後にあたり著者を代表して同会に感謝の意を表する．

2015 年 1 月
岡本和夫

---

[11] James Joseph Sylvester (1814–1897). イングランドの数学者である．
[12] 各章ごとに曲名が付けられているが，これは感性に関することであり，数学的に深遠な意味がある，というわけではない．§ が 𝄞 になっているのも同様．

目 次

- **0 はじめに** .... *iii*
- **1 生活と数学 I** *1*
  - §1 はじめに *1*
  - §2 数学は何から生まれたか *3*
  - §3 天体観測から数学へ *5*
  - §4 幾何学の誕生 *10*
- **2 数学の形** *12*
  - §1 数学の3つの働き *12*
  - §2 言葉としての数学 *14*
  - §3 道具としての数学の発展 *19*
  - §4 数学の働き *21*
- **3 自然の表現** *27*
  - §1 ケプラーの法則とニュートンの法則 *27*
  - §2 微分方程式と微分積分学 *29*
  - §3 微分方程式と数理モデル *31*

	§4	微分方程式の解の存在と一意性	*34*
	§5	ニュートンからケプラーへ	*36*
	§6	簡単なモデル	*40*
4	振動の方程式		*43*
	§1	バネの振動とフックの法則	*43*
	§2	微分方程式の相空間	*46*
	§3	連立線型微分方程式系	*48*
	§4	外力のある振動	*53*
	§5	調和振動子	*54*
5	自然と数学		*58*
	§1	「場」とオイラー	*58*
	§2	19世紀における数学の展開	*61*
	§3	自然の新しい認識	*63*
	§4	まとめ	*67*
6	現象の数理		*70*
	§1	力学の世紀から場の世紀へ	*70*
	§2	3つの代表的な偏微分方程式	*72*
	§3	離散モデル	*73*
	§4	ランダムウォーク	*74*
	§5	2次元ランダムウォーク	*76*

7 拡散方程式と調和方程式 ... 78

§1 フーリエの問題 ... 78

§2 フーリエ級数の方法 ... 79

§3 調和方程式の解 ... 82

8 波動方程式 ... 86

§1 波動方程式の出どころ ... 86

§2 左右に伝わる波 ... 88

§3 分散性 ... 89

§4 太鼓の振動 ... 92

9 非線型現象 ... 96

§1 非線型現象を捉える ... 96

§2 ロジスティック方程式 ... 97

§3 カオス ... 100

§4 ソリトン ... 102

10 社会と数学 ... 106

§1 コンピュータの世紀 ... 106

§2 代数学の歴史 ... 108

§3 デジタル ... 111

§4 代数幾何学とコンピュータ ... 114

§5 まとめ ... 117

11 数の世界 119
1 整数 119
2 体 122
3 代数的数と超越数 125
4 ガウス整数 126

12 有限の世界 129
1 合同式 129
2 有限体 133
3 有限体 $\mathbf{F}_q$ 上の数ベクトル空間 137

13 生活と数学 II —— セキュリティー 140
1 セキュリティーと暗号 140
2 準備 142
3 RSA 暗号 144
4 エルガマル暗号 146

14 生活と数学 III —— デジタル 150
1 デジタルの数学 150
2 符号理論 152
3 線型符号の例 155

15 文化と数学 160
1 コンピュータと数学 160
2 デジタル 163

- §3 非線型 *165*
- §4 線型と非線型 *168*

∞ これからも数楽 —— あとがきに代えて *174*
- §1 何のための数学か *174*
- §2 微分，離散，超離散 *175*
- §3 気合，体力，運 *177*
- §4 代数幾何学の心 *178*
- §5 数学，理論物理 *181*
- §6 代数の世紀 *182*
- §7 そして数楽 *184*

索 引 *187*

1 生活と数学 I

♪ ジョスカン・デ・プレ『ラ・ソ・ファ・レ・ミ』

1 はじめに

　私達の生活の中で数学はいたるところに活かされている．しかし，現代の科学技術は，いちいちその基礎にある数学にあたらなくても便利な生活をおくれるように設計されているから，そのように意識しない限り，科学技術の背後にある数学を直接見ることは必要ないし，そう思ったとしても簡単に見えるものではない．たとえば，最先端の科学技術には，物質など自然に現れる現象の物理学的な解析が基本となっているものが多いが，その解析のために不可欠な数学がどの位本質的な役割を果たしているのかを説明することは難しい．また，インターネットのセキュリティーは，情報のやりとりや商品の購買を確実に行い，思わぬ被害を受けないためにも必須であり，大きくいえば，生活の安全と安心に関わっていることである．このようなセキュリティーを確保するシステムは暗号理論により支えられているが，数学的な理論が実際にインターネットを利用するときにあからさまに表に出ているわけではない．
　このようなあり方を掘り下げて見ることは数学を学ぶ上で大切な視点である．一方，数学は学問として次のような性格を持っている．すなわち，一つ一つのことがらを積み上げていくことで，ある程度の水準まで到達し，その結果としていろいろなものが見渡せるようになる．実際に私達が中学校以来

学んできた数学はこのような考え方に基づいている．授業の具体的な場面では，そのときに習っている数学がどのような場面に使われているかという説明がされていることと思う．それでも，2次関数の計算をする，関数の導関数を求める，などという数学的な操作を身に付けないと先に進めないので，数学の授業は基礎の繰り返し的な学習と練習の積み重ねとなる．本来はこのように数学を学べば，数学の有用性も理解できるはずである．言い換えれば，数学は基本的なことから順々に，一歩一歩登って行くことによって理解が進むという形，つまり縦型の構造をしていることがはっきりしているのである．

(1) 本書の目標

本書では，数学を繰り返し練習とは少し違うやり方で紹介することを試みる．すなわち，数学を学ぶときには，結局はその縦の構造を無視することはできないけれども，ひとまず高い所からの風景を眺めつつ，山の姿，数学の形について考える，という道をたどってみよう．たとえば，登山道を一歩ずつたどる代わりにロープウェイでも何でも使ってとにかく山に登ってみる，ということである．

(2) 本書の構成

そのために本書は，岡本，薩摩，桂の3名がそれぞれの考えに基づいて，広い数学を紹介することを目標とした．薩摩は，自然と数学に焦点を当てて，偏微分方程式による数理の世界を紹介する．桂のテーマは数の世界というべきものである．岡本は両氏の紹介する数学を通して，社会と数学のかかわりについてまとめるとともに，予備知識となる数学を紹介する．

3人の著者による対談や鼎談も含めて，数学の発展の歴史から現代の最先端まで，数学を学ぶ道筋の1つを提供したい．いたるところに数学あり，Mathematics almost everywhere，ということを伝えることができれば幸いである．

なお，本書では，教養科目で学ぶ数学，微分積分学や線型代数学などを一応の前提としている．必要な説明は繰り返しを恐れずに行うが，理解の助けとするために必要ならば，関係する教科書などを積極的に参照していただきたい．

𝄞 2　数学は何から生まれたか

　第 1 章では「生活と数学」をテーマとして，数学がどのように現在の形にまとめられていったか，歴史に題材をとって考えてみることにする．担当する岡本は，以前同じテーマで，啓林館版の中学校数学教科書を編集した際に，教科書の指導書に文章を書いたことがある．これは，中学校の数学の先生方を対象としたものであり限られた方々の目にしか触れていない．「生活と数学」に関して，数学に対する私自身の考え方をまとめたものなので，とくに出版社に話をした上で，その一部を本章と第 2 章に使っている．

(1)　数学の始まり

　数学が誕生したきっかけを考えてみると，土地の測量などという現実の必要から生まれた学問であることは確かである．数学がどのように生まれてきたのか，あとで少し詳しく考えることにして，ここでは，土地を測ることを例にとって，数学の成り立ちを考えてみよう．はじめはその場所の土地を測るだけであったとしても，社会の発展により，土地を測ることにも政治的なあるいは社会的な意味が生まれる．数学に限らず，学問の発展も社会の発展とは無関係でない．歴史が進むにしたがって，測ることに必要な技術が 1 つの学問として形を作っていく．確かに，長さ，面積などは数学の基本的な概念である．

　数学という学問も，社会のニーズから生まれたということは疑いない．私達はまず，土地を測ること，暦を作ること，という 2 つの側面から歴史を考えてみたい．人間が土地に定着し，集団で生活を始めたときに権力が生まれた．古代の王の権力は何によって支えられていたのか，別の言い方をすると王が王国の民に対して果たすべき責任は何か．これを数学という面から考えてみよう．集団生活では農耕にしろ，牧畜にしろ，自然に左右される．そのため，自然の働きを観察しなくてはならない．

　ところで，数学者という職業ができたのは何時か．それは生活の中で掛け算が必要になったときである，という説がある．

(2) 測ること

　測る, ということは古代の王の権力にとって欠くことのできない行為であった. 土地を正確に測量し, それに基づいて税金を取ること, また, 権力の象徴として巨大建造物を造ること, などが古代から行われてきた. 長さを測るためにはその単位が必要である. 重さについても同じことで, 大きな権力は度量の統一を必然とすることは始皇帝による中国古代統一国家を見ても明らかである. Geometry という名の通り, 幾何学はここから生まれた.

　エジプトでは, 3, 4, 5 の長さの比で縄を張ることで直角が作られること, つまり円周がちょうど 4 等分されることを知っていた. また, 長方形や, 正方形の作図法は古代インドでも考えられている. 測ることには 2 つの目的がある. 1 つはすでにあるものを測る, もう 1 つは, 測ることを基として新しいものを作り出す, ということである. ピラミッドを考えるまでもなく後者について十分な知識と技術があったことがわかる.

(3) 学校で教えるのは完成した数学

　技術から学問へと形を変えていくに伴って, 数学はそれ自身の中に新しいものを生み出す力を蓄えていく. 同時に他の学問からも, 大きな影響と刺激を受けて新しい考え方が生まれていく. とくに自然のしくみを理解する必要と欲求に支えられた自然科学の諸分野との結びつきはとても大きい. こうして, 現在私達がつきあっている数学という学問ができてきた. 私達は毎日, すでにできあがった数学を教室で生徒に教えている. 整理された数学は, それだけ汎用性の高いものになってはいるのだけれど, 学問的な美意識にも支えられていて, 独自の世界をつくっている. このことは初学者にとって, さらに実際に数学を使おうとしている人たちにとって, 数学を取っ付き難いものとしている. 程度の差はあれ, 中学校で, 高等学校で, そして大学で, 数学を学ぶ者にとりつねにバリアーとなる, 数学の難しさである.

　なぜ, 2 次方程式を学ばねばならないか. 現実に 2 次方程式がどのような場面で使われているかを説明することはできる. しかし, 現実に生活していく上では, そのような基礎的かつ基本的なことはいちいち考えなくてもよいよ

うに現代社会はつくられている．私達が生きている社会の便利さとは，そういうものである．この便利さをもっぱら享受することだけですますのか，あるいは便利さを生み出す側に立とうとするのか，という立場の違いは，当然数学を学ぶ意欲に反映する．それでも，生きた形の2次方程式を何とか伝えることはできないだろうか．ずっと昔から2次方程式は知られているけれど，いま私達が学んでいるのは，2次方程式の化石ではなくて生きた2次方程式なのだよ．こんなとき，なぜ人間は2次方程式を解こうとしたのか，なぜこのようなことを長い時間をかけて考えてきたのか考えてみることは，価値のあることであろう．

(4) 数の意味

方程式の1つの意味には，数の概念を広げていくことがある．整数を係数とする1次方程式の解は，有理数を考えることですべて求まる．有理数を係数とする1次方程式の解は当然有理数だから，別の言い方をすると，有理数は1次方程式について閉じている．簡単な2次方程式 $x^2 = 2$ については，無理数 $\sqrt{2}$ を考えないと解がない．1辺の長さが1である正方形の対角線の長さが分数で表されない量であることは，ピタゴラス以来知られていたが，数として認められるまでには時間がかかった．

無理数とはいうものの，$\sqrt{2}$ という数は私達の生活の中に活きている．紙の大きさで，A4とかB5という名称はご存じだろう．これらの紙は縦と横の長さは，その比が $\sqrt{2} : 1$ に作られている．A4版とB4版は面積比が $2:3$ である．どちらも長い方を半分に折ると，半分の長方形は元の紙と相似である．これが $\sqrt{2} : 1$ の意味で，コピー機などで拡大あるいは縮小コピーができるようになっている．数の世界については，本書の11章以降で詳しく触れることになる．

3 天体観測から数学へ

人々は自然の恩恵に感謝し，自然の猛威を畏れつつ，実はその自然の動き

には一定の周期性があることに気がつく．たとえば，エジプトでは毎年同じ時期にナイル川が氾濫する．年間降雨量 20 ミリという土地であるから，日本での洪水を想像してはいけない．当時の人々はその理由はわからなかったが，なぜか，ナイル川がだんだん増水していって水浸しになるのである．最終的には 7，8 メートルも水位があがるという．秋になるとその水が引いて大地が現れるが，その後には肥沃な土が残され農耕に最適となる．秋に種を蒔き，春に収穫するという生活の周期ができていた．安全のためにも，農業のためにも，その時期を的確に予想しなくてはいけない．

(1) 古代の暦

エジプトには雨が降らない，ということは夜空の星がよく見えるわけだから，人々が星の動きに注目したのは当然である．対象となったのは，いまでいう大犬座の一等星シリウスである．シリウスが東の地平線上に現れる時刻は日により少しずつ異なるが，当然だいたい 1 年位でもとにもどる．シリウスが，夜明け前に東の地平線に現れるときを 1 年のはじまりとした．もちろん，星の動きによって 1 年という周期が見出されたのであるが，シリウスと洪水の周期についてはプルタルコスが紹介している．理由についてはよく知らないが，古代エジプトでは，1 年を 365 日とする暦を作った．本当は太陽の公転周期は 365.2422 日だから若干のズレがある．1 年の始まりの日と，シリウスの動きがずれてくるが，エジプトではこれを脈々と観測しつづけていて，1600 年程経ったら，もとにもどったという記録がちゃんと残っているそうである．

古代バビロニアでも，太陽，月や星の観測が長い時間をかけて行われていた．理由はエジプトと同じようなものであろうが，彼らはまた独自の暦を作った．ただし，1 年は 360 日とされていた．おそらくこれは月と太陽の動きをあわせた太陰太陽暦のようなものだったろうと想像するが，1 年をこう定めて起きる当然のズレは，閏月を適当に入れることで調整していた．太陽の 1 日分の行程を単位とするのは自然なことで，円周を 360 等分するという角度の考え方の源である．

ところで，バビロニアは 60 進法で知られる．私達が使っている算法は，1，

2, 3と勘定していって, 10で1桁位があがる10進法である. これは指が10本ということと関係があるらしい. バビロニアの60進法の起源はとても古いもので, なぜそうなったかということはよくわからない.

ともかく, バビロニアでは360日経つと出発点にもどるという暦を採用し, 月の満ち欠けも考慮して, $360 = 30 \times 12$と計算し, 1年を12カ月と定めた. 暦にたびたび現れる12という数字は不思議な数で, いろいろなところに現れる. 12は, 1, 2, 3, 4, 6, 12と約数がたくさんあるから, という理由も成り立つかもしれない.

また, 彼らは, 1日の太陽の動きにも注目していた. 日の出の時に太陽が地平線に頭を見せてから完全にその姿を見せるまでの時間を計った. 水時計を使って, その間に流れ落ちる水の重さを量ったのだろう. この量と1日分を比較した. つまり, 見かけ上の太陽の直径と, 太陽が1日に描く円周の長さとの比を測定した. この比の値はだいたい720で, これを $720 = 12 \times 60$ と計算すると, 60進法では12となる. このように, 1日を12等分した. この分割法は, ローマ時代に昼と夜それぞれを12等分するしかたに改められた. 昼の長さは季節によって異なるから, 当然1時間の長さも冬と夏では同じではない. このような時間の使い方は日本の江戸時代も同様である. このことは別として, 1日を24等分することが現代まで, 1日は24時間というかたちで続いている. このほかにも, 1時間は60分, 1分は60秒など, いまでも, 60進法は生きている.

エジプトやバビロニアと異なり雨の多い温帯に発達した中国古代文明では, 太陽の動きはより重要である. 四季の移り変わりが農耕に与える影響は計りしれない. 古代中国では1年を365.25日とした. これに伴って, 角度を測る単位も, 円周の360等分ではなくて, 365.25等分を用いていたという. さぞかし難しい計算をしていたことだろう.

(2) 暦から天文学へ

ギリシアでも天体の観測はなされていて, タレスが日食の日を予言したと言われている. 日食は, 太陽と月の動きを精密に追っていないと予言できないから, おそらくその当時すでに膨大なデータあるいは経験の蓄積があった

ものと予想される．考えごとをしていたのか，観測をしていたのか，夜空を見つめていたタレスが溝に落ちてお手伝いさんに笑われたという逸話が残っている．ギリシアでの天体観測の最大の特徴は，彼らは単に観測するだけでなく，なぜそうなるのかを考えたことである．つまり，宇宙の構造を理解しようとした．そのために精密な観測を行った．たとえば紀元前2世紀のヒッパルコスは春分点のずれを観て1年（太陽年）を，365日5時間55分12秒と計算した．現在のこの値は，365日5時間48分46秒である．これより百年ほど前にエラトステネスは地球の大きさを測ろうとした．ギリシア以降，暦を作るという作業は天文学という学問になった．天文学はコペルニクスにより大転回する．惑星の運動に関するケプラーの法則はニュートンによる微分積分学の確立と微分方程式の発見につながっている．この主題は第3章以降のテーマである．

(3) 中国の暦

もう一度古代中国のことについて触れよう．太陽，月，星の観測が行われていたことは同様だが，古代中国では木星の動きに注目した．シリウスなどの恒星と違って，木星，火星などは天球上をきわめて不思議な動きをする．惑う星，つまり惑星ということだが，その中で木星の公転周期はだいたい12年である．ここから別の12年周期が考えられる．古代中国では，この12年に注目し，各年に子，丑，寅，卯，辰，巳，午，未，申，酉，戌，亥と名付けた．これが現代でも生活に結びついている十二支だが，おのおのに動物をあてたのはずっと後のことである．これと十干，こちらは太陽に関係するらしいが，漢字をあてると甲，乙，丙，丁，戊，己，庚，辛，壬，癸を結びつけると，12と10の最小公倍数は60だから，また60年周期ができる．これも私達日本人には，還暦などなじみがある．

ところで甲子とか乙卯とかいうのは，年だけでなく日にも付いていることはご存じだろう．神社などで売っている暦を買うと毎日にこのような名前，干支が付いている．十干には，木，火，土，金，水という五行説に基づく意味が付けられていて，甲子園の甲子はきのえねという干支から来ている．実はこのように日々に十干十二支を割り当てることは歴史が古く，約3000年前

から使われている．日本を含めた中国文化圏で共通である．だから，古い中国の歴史書に，何とか王の何年，8月15日甲子，というと，かなり年が特定できる．もちろん，8月15日は中秋の名月の日である．

中国の暦は月の満ち欠けと太陽の動きに基づく太陰太陽暦である．月の公転周期は29.53日であるから，大の月（30日）と小の月（29日）だけではずれが生じる．そこで，バビロニアと同じように閏月を導入して暦を調整する．19年に7月の閏月を入れる，19年周期の考え方が知られていた．暦を作るということは，天体観測とその記録の成果であるから，王の権力を象徴する1つであったことは間違いない．中国では王朝ごとに独自の暦を作っていた．50回ほど暦の改訂，改暦が行われている．不思議なことに，日本では，暦は中国からの輸入がほとんどである．天体観測に基づく独自の暦というものは江戸時代までは発想されなかったらしい．ちなみに，ヨーロッパの改暦は，ユリウス暦とグレゴリオ暦の2回である．

中国では冬至を起点として1年を24等分して，24節気という．このうち冬至は11月，夏至は5月と定められているものが半分あって，その基準により閏月が導入される．上で19年周期を紹介したが，他にも，76年周期と1520年周期が使われる．最後の周期は日の干支が一巡する．とくに，甲子朔旦冬至が中国の暦で特別な意味があって，暦のはじまりの日とされている．これは，11月朔日，新月の日の朝が冬至でしかも甲子の日ということであり，そうめったには起きないのである．

とはいってもこの日が特別な日である，とは古代はともかく現在では一種の迷信である．暦に六曜という周期がある．日々に大安，赤口，先勝，友引，先負，仏滅と名付けられているものである．この決め方は，旧暦の月と日の数値を足して6で割り，余りを見ているだけである．わりきれる日が大安，あと順に決めていく．旧暦の6月30日は大安，翌日の7月1日は先勝，ということである．だから，大安の日が吉日であるというのは迷信である．このような習慣が一般的になったのは明治期以降である．ついでに，丙午(ひのえうま)の年，子供の産まれる数が極端に少ないことがあったが，その60年前にはそのようなことは起こらなかった．

4 幾何学の誕生

　エジプトでは直角を正確に作ることが知られていた．一方，土地の測量については，それほど正確ではなかったらしい．たとえば，エジプトで用いられていた三角形の面積の公式は，正しいものではなかった．また，長方形の面積は縦の長さと横の長さを掛け算すれば正しく求まるが，どのような四角形についてもその面積は2つの辺の長さを掛け合わせて求めていた．それほど正確に測る必要は，当時の生産性から見て求められてはいなかったということである．しかし，そのように計算すれば実際の面積よりも大きい数値がでるから，税金を取り立てる権力者にとってはその方が都合がいいではないか，これは私見である．

(1) ギリシアの数学

　測ることはギリシアの数学者，哲学者により幾何学まで昇華する．タレスはすでに「2直線が交差しているときその対頂角は相等しい」「二等辺三角形の2つの対角は相等しい」「2つの三角形で，1辺とその両端の2つの角がそれぞれ等しければ，その2つの三角形は合同である」「円は任意の直径によって2等分される」ということを知っていたらしい．その後，アルキメデス，アポロニウスなど多くの幾何学者を輩出し，ユークリッドにつながっていく．

　それにしても，対頂角は等しいなどという当たり前のことをなぜわざわざ証明したのだろうか．必要なときに分度器で測って確認していけば，少なくとも経験的にはすべての人が納得するだろう．しかし百回正しくても明日は違うかもしれない．思わぬ経験が待っているかもしれない．否，それは絶対にあり得ない，なぜなら証明された事実であるから．証明された数学的事実はけっして壊れない．思いもかけない事態が生じても正しい．こういうことにも数学が何にでも使えること，数学の汎用性が現れている．

　ギリシア時代はその他にも多くの有名な数学者を輩出したが，幾何学では何といってもユークリッドがその代表である．ここではその内容には立ち入らないが，彼の「原論」は幾何学を体系化したもので，その後のヨーロッパ

で数学の原点となったものである．ニュートンが自然哲学の数学的原理をプリンキピアと著したとき，そのモデルはユークリッドの「原論」であった．

(2) 証明すること

　ギリシア人達は生活に必要な技術を身に付けることだけには満足せず，いろいろな事実を証明するということに思い至った．古代インドの数学書には証明らしいものは一切ないそうだから，数学では何のために証明するか，考えてみる価値はありそうだ．私達はなぜ証明するのか．数学の定理だから証明するのは当たり前というのはあまりに形式主義に過ぎる．すべての人が自明のことであると了解する事実を証明してみせても何の感激もない．

　証明することの意味は根拠の確実性の保証であるとデカルトは言っている．その上加えるなら，汎用性と説得性がある．根拠の確実性とは，何を仮定して，どんな手続きで示されているかということが明らかに示されることである．汎用性とは，現実からはなれて独立に成り立っていることは，逆にどのような事実にも適用できるということである．だからこそ，その事実が成り立つことに説得力があるというわけである．

　なぜギリシア人は証明することに思い至ったのか，これは思想史上も興味あることである．哲学者下村寅太郎は「証明はポリスから生まれた」という．興味ある読者は直接『科学史の哲学』（みすず書房）にあたってください．

2 数学の形

♪ バッハ『フーガの技法』

🎼1 数学の3つの働き

　本書第2章では，数学がどのような学問であるのかを考えるために「数学の形」をテーマとする．数学とは何か，というような大きな問題を正面から論じるつもりはないけれど，少なくとも数学が活きた学問であることは多くの人にわかっていただきたい．一数学教師としての筆者の率直な希望であり，本書を著している動機でもある．ここでは，数学を3つの様相で考える．その3つとは，「言葉としての数学」，「道具としての数学」，「対象としての数学」であり，3つの数学の働きと思ってもよい．このような考え方で，数学の歴史を見よう，数学とはどのような学問であるのか考えてみよう，ということが発想の原点である．詳しいことはあとで具体的に見ていくことになるが，その前にこの3つの働きの概略を説明する．

(1) 言葉としての数学

　以下，数学は自然科学とくに物理学とともに発展してきたということを繰り返し強調することになる．まず次のことは間違いない．自然を記述する言葉は数学である．この考え方が簡単に受け入れられてしまうと，逆に重要なことが見落とされてしまうかもしれない．数学を表現する手段と考えてみる

と，世界中どこへ行っても同じ「言葉」を使っているということは，素晴らしいことではないだろうか．1＋1＝2と書いたとたんに世界中のすべての人が理解するのだから．しかも，数学は人工的に創られた言語である．

　各国の数学者の組織の連合体として国際数学連合，IMU (International Mathematical Union) がある．4年に一度「国際数学者会議」を主催し，その機会にフィールズ賞受賞者が公表され，日本の新聞にも紹介される．英語とフランス語が公用言語とされているが，国際数学者会議の講演は英語で行われる．参加者達は普段の日常会話では自分の国の言葉を使っているが，ひとたび数学の議論が始まれば，黒板に書く数式は共通である．

　数学は自然を表す言葉であると上に書いた．「温度が一定ならば気体の体積と圧力は反比例する」という，ボイル–シャルルの法則にも，反比例という数学の言葉が使われている．

　ガリレイは次のようなことを言っている．我々は自然というもっとも大切な本を学ばなければならない．その本は数学という言葉で書かれている．余談であるが，ガリレイのこの発言は事実命がけの発言であっただろう．なにしろ，聖書より大事な本があると言ったのだから．命をかけて数学をしてきたということもヨーロッパの歴史的な強みである．現在の数学はヨーロッパにおいて自然科学とくに物理学とともに発展してきた．中国にも日本にも独自の数学があり，けっして程度の低いものではなかったが，自然科学との交わりにおいてヨーロッパにはかなわなかった．

(2) 道具としての数学

　同時に数学は自然を解析する道具である．バネ測りの目盛りを記録すれば，おもりの重さとバネの伸び，この2つの量の間にはある関係があることに気がつく．この事実を「比例」という数学の言葉を使って表したのがフックの法則である．フックの法則が数学で表されると，バネばかりだけでなく自然のいろいろな事柄を理解するときにも有効であることに気がつく．これが道具としての数学の働きである．フックの時代から科学が進歩して，宇宙の誕生を調べようとすることになると，数学だけが使える道具ではないだろうか．

　自然を理解するときにすでに私達が知っている数学を利用するだけですむ

とは限らない．自然を解析するための道具である数学を作り出さなければならない．このとき，新しいアイディアは自然現象の中に隠れているかもしれないし，数学自身の中に埋まっているかもしれない．自然現象とは限らず，社会の仕組みがこのようなインパクトを与えることもあるけれど，これは比較的に新しいことである．自然科学と数学との関係は，学問的にも歴史的にもずっと深いから，数学の歴史を見るときには大切な視点である．

　自然あるいは社会の現象を，数学という道具を使って調べ，その結果を数学という言葉で表現する．そのようにして得られた新しい数学が，今度は道具となって働く．活きた数学とはこういうものではないだろうか．

(3)　対象としての数学

　数学は自然現象を強く反映しているけれど，数学自身が解析の対象となって学問が進歩してきたということも，数学という学問の特徴である．難しい言い方をすると，自然現象の背後にある数理現象，これが対象としての数学である．一方，文字式を初めて習った中学生のことを思ってみよう．数学の広い世界を知っている私達から見れば，文字式は数学言葉の1つと思うけれど，中学生にとっては，これまで知らなかったものを見せられた気もするだろう．文字式を扱って因数分解から2次方程式まで学べば，小さいながらも1つの体系に触れたことになっている．対象としての数学は必ずしも高級な立場とは言い切れない．

2　言葉としての数学

　数学は，自然や社会の数理的現象を記述する言葉である．もちろん対象としての数学は，数学という言葉のみで表される．現在の数学を表す表現法はヨーロッパ系の言葉から派生している．加減乗除の記号＋，－，×，÷など，小学校の算数以来なじみのある記号はすべてそうである．たとえば＋記号はラテン語の et（英語の and に対応）から来ている．

　さらに数学はヨーロッパ系言葉の文法で書かれている．たとえば，数式は英

語でもフランス語でもドイツ語でも，そのまま1つの文章になっている．たとえば

$$\text{It follows that: } (a+b)(c+d) = ac + ad + bc + bd$$

のように，数式は文節として扱われる．関係代名詞のない日本語ではなかなか表現しにくい文章となるのである．

(1) 日本語と数学

近代数学が明治のはじめに日本に入ってきたとき，最初に行われたのは訳語を創ることであった．日本で研究されていた数学を和算というが，外来の数学，洋算を教育に採用した政府は日本語で数学を教えなくてはならない．数学を Mathematics の訳語として使い出したのはこのとき以来である．

私達は $1+1=2$ を，1たす1は2，と読む．しかし，この日本語は数式を読むために作られた直訳で，もっと自然には，

「1に1を加えると2となる」

というだろう．これをそのまま式で表せば

$$1, \ 1, \ +, \ 2, \ =$$

という順番になる．アラビア数字を使い，足し算の記号に現在のものを使っているから，正確な日本語ではないけれど，もし日本で文字式が作られていたとしてら全然違ったものになることは予想できる．

数学教育を広く行うにあたって，明治初期に意識されていた大きなこととして，言文一致がある．言文一致は文学の世界では有名であるが，言葉としての数学を日本語にするために，話し言葉と書き言葉を一致させることを，菊池大麓は明確に意識していたと思われる．彼は初代の東京大学数学科教授である．日本の話はひとまず終わりにして，言葉としての数学に話題を戻す．

(2) 数字と計算

私達が何の疑問も持たずに使っている数字

$$1, 2, 3, \cdots$$

はインドが起源で，アラビアを経由してヨーロッパにもたらされた．このアラビア数字が普及するまでは，ローマ数字が使われていた．時計などでおなじみのI, II, III, $\cdots$ である．たとえば，1996をローマ数字で表すとMCMXCVIとなる．ローマ数字を使うときの難点は，大きな数を表すときだけではなくて計算の面倒さにある．ローマ時代の学校では，「1たす1は2, $\cdots$」と，足し算を暗誦させていたという．そこに，アラビア数字が入ってきたのだから，「あっという間に広まった」ということは実はなかった．アラビア数字にも難点があった．それは，筆記したときにあいまいさが残ることである．商売などで数字を読み違えると大変なことになる．これは現代でも同様で，小切手では 35 と書いたほかに thirty five と筆記する習慣が残っている．日本でも一，二，三，$\cdots$ のかわりに壱，弐，参，$\cdots$ が使われることがある．

　商売の取引はともかく，計算間違いも防がなければならない．書籍が手で写されていた時代には，誤りが多かったろう．アラビア数字の普及の上でも，数学の書き方を固定するという意味でも，印刷術の発明がどれほど大きな意義を持っていたか考えてほしい．当時のヨーロッパの計算方法には 2 つの流儀があった．1 つは筆算派，もう 1 つは算盤派である．複雑な計算をするときには筆算でないとかえって難しい．一方，決まり切った計算ならば，算盤を使った方が早い．数学の発展には筆算が欠かせないが，印刷術の発明は数学の深化にとって大きな意義を持つ．数学の発展の歴史上，紙，印刷術，コンピュータが技術面での三大発明である．紙は 1 世紀頃中国で発明され，アラビアを通ってヨーロッパに伝わった．7 世紀に唐とアラビアが西域で接触し，その戦いのときに唐の紙職人がアラビア側の捕虜となった．紙の製法はアラビアにあっという間に広まったが，これがヨーロッパまで到達するのにはやはり 7 世紀ぐらいかかっている．

(3)　アラビア数字

　1000000000000003 は日本語で千兆三，英語で読むと，one quadrillion three. では次の数はいくつでしょう．

9999999999999999999999999999999999999999999999999999 + 1

ここには9が72個並んでいて，その数を日本語で読めば，「九千九百九十九無量大数九千九百九十九不可思議九千九百九十九那由他九千九百九十九阿僧祇九千九百九十九恒河沙九千九百九十九極九千九百九十九載九千九百九十九正九千九百九十九澗九千九百九十九溝九千九百九十九穣九千九百九十九秭九千九百九十九垓九千九百九十九京九千九百九十九兆九千九百九十九億九千九百九十九万九千九百九十九」となる．江戸時代のベストセラー数学書であった『塵劫記』にはここまでしか位取りの単位が書かれていないから，1を足したらもう読めないし表すこともできない．英語でも表現に限りがあるという意味では同じである．しかし，アラビア数字による表記はどんな大きな数も表すことができる．これは決定的な利点である．この表記には，千兆三の例からわかるように，数字0の役割が本質的である．

　千兆三程度の数字を書き表すには，途中にいちいち0を書かなくてすむから日本語表記が便利であるが，筆算で計算をするときにはかえって不便である．計算で使う0の発見はインドでなされた．もちろん0が発見されたことのもっと大きな意味は，0という数が考えられていたということであり，インドでは負の数すら考えていたという．ゼロの発見については，吉田洋一氏による同名の名著が今でも岩波新書で読めるから，ぜひ参照していただきたい．

　ところで，ヨーロッパではインドのようには負の数を認めていなかった．だから，2次方程式でもいまならば，正の数，負の数かまわずに $x^2+ax+b=0$ と書けばすむが，$x^2+ax+b=0, x^2+ax=b, x^2=ax+b$ は区別されていた．まして，方程式の負の根は考慮されることがなかった．負の数，負の量に意味を与えたのはデカルトである．

(4) 文字式

　数字と並んで数学の発展上重要なのは文字式の導入である．フランスのヴィエタは文字式を導入して代数学の組織化を試みた．数学的には，彼によって近世ヨーロッパへの扉がひらかれた，といってもよいだろう．彼は3次や4次の方程式まで考えていて，その根と係数の関係にも気がついていた．確かに，彼は方程式

$$x^3 - (a+b+c)x^2 + (ab+bc+ca)x - abc = 0$$

は，3根 a, b, c を持つと主張している．だが，彼は負の根は問題にあわないとして捨てていたから，正しい主張をしていながら十分ではなかった．

そして登場するのがデカルトである．すでに述べたように負の量を明確にしたのは彼である．しかし，言葉としての数学という立場から見ても，彼により解析幾何学が確立し，幾何学を式で表すことがはじめられたことは限りなく大きな一歩である．幾何学に代数学を使うことはインドにもその萌芽があり，ヴィエタも考えてはいるが，関数の概念を明確にし，図形を方程式で表すことはデカルトによる．彼は「ユークリッド幾何学はいろいろな図形の性質は証明するが，これは未知の命題を発見する方法ではない」と言っている．彼自身も極度な代数化はわかり難いし，「精神を錬磨する効果はあまりない」と指摘しているが，ともかく幾何学の命題がすべて記号化されたのである．図形の幾何学の意義は教育の面のみならず現代でも否定されないけれど，原理的な数学の表現を与えたことの意味ははかりしれない．未知の量に文字 x をあてたのはデカルトであるという説がある．

(5) 表記法

数学で大切なことは概念の確立，理論の構成，新しい事実の発見などであるが，適切な記号や，上手な名前を付けることも，その後の発展のために重要である．もちろん現在でも数学の表記法は国ごとに同じとは限らない．たとえばフランスでは，$5 \div 3$ を $5:3$ と書き，三角関数の $\tan x$ は $\operatorname{tg} x$ と表す．このような相異は簡単に翻訳可能だからよいが，複雑な計算や概念の展開には，表記法が大切である．

数学には実に上手な記号が使われている．たとえば，

$$10! = 1 \times 2 \times 3 \times 4 \times 5 \times 6 \times 7 \times 8 \times 9 \times 10$$

というのはなんとも素晴らしい表記法であるとは思いませんか．この点で，私達が多大な恩恵を被っている一人にライプニッツがいる．

彼はデカルトやパスカルと同じように哲学者として有名である．数学上でも，ニュートンと微分積分学の発見者としての栄光をわかち合っているが，私

達が使っている

$$\int f(x)dx$$

など，微分積分の記号法は，ライプニッツが起源である．ところで，ニュートンがあまりに偉大であったことが原因か，また大陸に対する反発もあったのだろうか，イギリスではライプニッツの便利な記号法の導入が遅れた．そのことは数学の進展にとって何十年分のロスである，と言われている．

3　道具としての数学の発展

「数学は物理学の道具である」と物理学者はしばしば言う．確かにそういう側面はあるが，一方では物理学を表現する唯一の言葉が数学であることは間違いない．したがって，道具といっても，これを使うと便利だ，という程度のものでは全然なくて，これがないとどうにもならない道具なのである．

(1)　数学と物理学

はじめにもう1つ注意しておかなければならないことは，数学と物理学とは学問上，そんなにきっちりとは分離できないということである．数学は数理現象を，物理学は自然の物理現象を対象とするから，学問としては別とも言えるけれど，2つの学問の境界は重なりあっていて区別がつかない．とくに20世紀後半からその傾向が強くなっている．

しかし，20世紀はどちらかというと数学と物理学が離れていた時代である．このような数学と物理学の傾向は日本でも強かった．数学の抽象化が大いに進んだ時代でそのことの長所も大きいが，長い数学の歴史の中では例外的な時代と思った方がよさそうである．

ついでに，日本で一番古い学会は1877年に設立された東京数学会社である．これが日本数学物理学会に発展し，戦後の1947年，日本数学会と日本物理学会にわかれた．イギリスでは数学と物理学はそんなに分離してはいないように見える．たとえば，ケンブリッジ大学にニュートンの名の付いた講

座があるが，これは数学の講座である．有名な宇宙物理学者であるホーキングもこの講座の教授をつとめていた．

(2) ボーデの法則

経験法則を数学的に表現することで思わぬ発見がされることがある．よく知られていることではあるが，面白い話題を1つ紹介しよう．次のような数列を考える．

$$0 + 4 = 4,$$
$$3 + 4 = 7,$$
$$3 \times 2 + 4 = 10,$$
$$3 \times 2^2 + 4 = 16,$$
$$3 \times 2^3 + 4 = 28,$$
$$3 \times 2^4 + 4 = 52,$$
$$3 \times 2^5 + 4 = 100,$$

一方，惑星と太陽との平均距離を，地球の場合を10として表すと，

水星：3.9　　金星：7.2　　地球：10

火星：15.2　　木星：52　　土星：95.4

となり，上の数列と近似的にではあるがよく一致している．これをボーデの法則という．地球以外の5つの惑星は，太陽と月を加えて，月，火，水，木，金，土の七曜に使われるくらい古くから知られていたが，18世紀には，天王星も海王星も，もちろん冥王星もまだ発見されていない．

ともかく，ボーデの法則は当時の観測誤差を考慮するとよく合っていると言えるだろう．ところが，28に対応する惑星が欠けている．天体はきわめて美しいものであると，現在以上に思われていたから，何か見落としているのではないかと熱心な観測が行われた．ついに1801年，平均距離27.7のところに小さな惑星らしい星が発見された．これに他の惑星と同じようにギリシア神話から名前をとって，セレスと名付けられた．

(3) 新しい数学の誕生

しかし，セレスは発見後しばらくたって，見失われてしまった．ここから数学の話が始まる．大数学者ガウスの登場である．ゲッチンゲン天文台長でもあった彼は，大事な整数論の研究をしばらく休んでセレスの軌道を計算し，位置を予測した．ケプラーの法則により惑星は太陽を焦点の1つとする楕円軌道を描く．この事実に基づいて予測し，その通りにセレスは再発見されたのである．

もちろんガウスはグラフ用紙に点を取って目の子で予想したわけではない．誤差の散らばり具合を数学的に考えたのである．ガウスは最小二乗法を採用し，現在ガウスの誤差論と呼ばれている数学を創った．このように，惑星の運動ひとつをとっても，次から次へと，数学が生み出されていく．そして手に入れた数学は次から次へと道具として使われ新しい発見へと導く．このダイナミズムは数学の面白さをきわだたせる．

ガウスの誤差論はその後広く研究され，応用され，現在でも大切な方法である．天体観測との関連で言うならば，微分積分学こそ最も汎用性の高い数学であるが，惑星の運動は，他にもたくさんの数学を生み出している．たとえば，惑星は楕円軌道を描くが，その長軸と短軸を決めるために，適当な座標をとることが求められる．この操作を**主軸変換**というが，ここから**固有値**という概念が生まれた．固有値は，現代物理学で不可欠な概念であり，道具である．

4 数学の働き

数学の3つの働きについて簡単な説明をしたが，ここで誤解のないようにもう一言付け加えておく．3つの働きは数学の価値の高低に対応しているものではない．いずれも等しく重要な数学の働きである．もちろん，1つ1つの数学の題材が，言葉としての数学，道具としての数学，対象としての数学，この3つのどれかに分類できる，ということではない．数学という学問を考

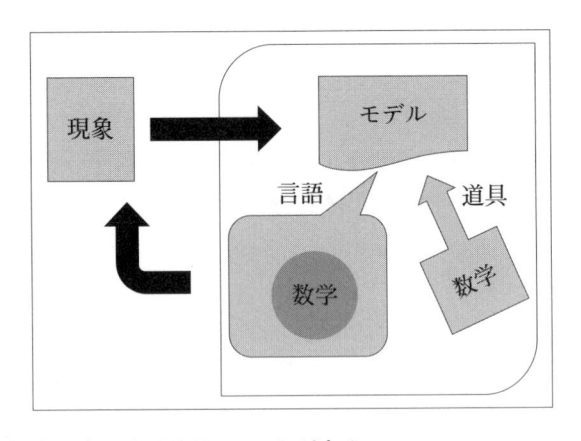

えるときの視点であると理解していただきたい．

　上の図は，数学を道具として何かを調べ，得られた結果を数学という言語で表すという数学の働きを示したものである．左の四角い部分は，自然あるいは社会の現象を表していると見る．当然この部分が数学，対象としての数学に対応している場合を想定してもよい．

　自然現象，社会現象を数学的に解析するためには，対象を数学的に表現し，数学的な対象を創らなければならない．この図で「モデル」と書いてある部分がその数学的対象で，数理モデルと呼ばれているものである．もともとの対象が数学自身であっても，新しい見方から新しい数学モデルが創られる．いずれにせよ，このモデルを数学という道具を使って調べる．そして得られた結果を数学という言語で表現する．この結果は新しい道具として使われる．そのときの直接的対象であるモデルばかりではなく，まったく別の現象から考えだされたモデルの解析に強力な道具として使われ，思いもかけぬ威力を発揮する．これが繰り返し述べている数学の汎用性である．このような動的サイクルが数学という学問を表している．

　現象を数理モデル化し，解析して得られた結果は数学で表現されている数学的な結果である．これをもう一度元の現象に引き戻して考えること，数学を現象にフィードバックすることはもっと広範な作業である．一般的に言えば，この部分の仕事すなわちフィードバックはもはや数学に属するとは限らない．もとの対象が数学ならば依然としてフィードバックも数学的作業では

あるが，自然や社会の広い現象の場合，技術や社会への還元は別の学問分野，学術分野に属すると言ってよいだろう．

(1) 数学から生まれた大切なもの

　数学を道具として調べる対象の数学は何でもよい．試しに，モデルのところに「2次方程式」と書き込んであるとして，数学の考察をいろいろ加えてみよう．どのような2次方程式も，根を持つように数の概念を拡張することから始めよう．私達はその答えを知っている．そのためには，2次方程式 $x^2+1=0$ の解，虚数 i を導入すればよい．2次方程式 $ax^2+bx+c=0$ は，$a \neq 0$ のとき，根

$$\frac{-b \pm \sqrt{b^2-4ac}}{2a}$$

を持つ．この根の公式が判別式 $D=b^2-4ac$ が負になっても有効となるように複素数が考え出された．複素数は「虚構」の数である．虚数のおかげで2次方程式 $x^2-x-1=0$ が根を持つように，$x^2+x+1=0$ にも根がある．

　実数が数直線上の点で表されるように，複素数は平面上の点で表される．複素平面の考え方はガウスによる．では，複素数はいったいどのような「量」を表しているのか．自然現象を表すとき，複素数は必要なのだろうか．19世紀末から20世紀にかけての物理学の展開はこの問いかけに答えている．まず，電気と磁気を一緒にして電磁場を考えると，それはマクスウェルの方程式で書き表される．マクスウェルの方程式には複素数を使うと簡便で美しい表示があり，複素数の有難さがわかる．しかし複素数の概念があればわかりやすいが，マクスウェルの方程式の表す現象にとって，不可欠であるとはまだ言い難い．もう一歩進んで量子力学となると，複素数の概念は必須である．基礎方程式であるシュレーディンガー方程式には本質的に複素数が使われる．物理量はシュレーディンガー作用素の固有値に対応する量として実数で表される．

　複素数と固有値は，量子力学を数学的に記述するためにはもちろん，量子力学という考え方を成立させるために不可欠の数学である．道具としての数学が自然の本質に関わっているのである．複素数は2次方程式という，純粋

に数学的思考の中から生まれた概念である．ところで，まったく数学的な道具だけから生み出された概念が，自然の本質に関わるということは不思議である．自然の不思議であると同時に数学という学問の本質にも関わっているなにものかが隠れているように思える．

(2) 複素数

　2次方程式と複素数について少し付け加えておく．上の根の公式を見れば，複素数の根は誰でも思いつきそうな気がするが，これは現代の私達の感覚である．3次方程式の根の公式は，たとえその根がすべて実数であったとしても本質的に複素数を使って表される式である．3次方程式の根の公式の発見者はカルダノとされるが，これに関係する逸話があり，後の第10章1節にも紹介されている．いずれにせよ，カルダノが複素数の根について何らかの見解を持っていたことは確からしい．

　昔の高等学校数学教科書には因数分解の公式

$$x^3 + y^3 + z^3 - 3xyz = (x+y+z)\left(x^2+y^2+z^2-xy-yz-zx\right)$$

が載っていた．この公式は，3次方程式の根の公式を与える．簡単に説明しよう．いま，2次方程式 $x^2+x+1=0$ の根の1つを ω とすると，もう1つの根は ω^2 である．この ω は1の3乗根で，これを使うと上の因数分解の式の右辺は

$$(x+y+z)\left(x+\omega y+\omega^2 z\right)\left(x+\omega^2 y+\omega z\right)$$

とさらに因数分解される．このことから，3次方程式 $x^3+3ax+b=0$ の根を知るには

$$yz = -a, \quad y^3+z^3 = b$$

となる y と z を求めればよい．このような y と z の決定は，2次方程式

$$u^2 - bu - a^3 = 0$$

を解くことに帰着する．これが，カルダノの公式の本質である．

　4次方程式については3次方程式に帰着させて解く方法により根の公式が

得られる．では，5次方程式の根の公式はどうなるだろうか．このような自然な疑問が数学の発展に寄与する．係数が複素数であるような何次の方程式を考えても，その根はすべて複素数で表される．この事実を代数学の基本定理というが，フランスでは，ダランベールの定理と呼ばれている．事実はそれ以前から知られていたが，数学的にきちんと証明したのはガウスである．ガロアは方程式の根の変換を考え，群の概念に到達した．5次方程式には根の公式は存在しないということを証明したのはアーベルである．ガロアもアーベルも若くして亡くなった数学者で，彼らの伝記は日本語で読むことができる．ガウスは当時の最高峰の数学者であり，アーベルの結果はすでに知っていたが論文には書かなかったなど，いろいろな逸話が残っているが，ガウス，ガロア，アーベル達の残した数学は現代にも生き続けている．この話題には本書第11章で再び戻ることになる．

(3) まとめ

最後に数学と社会の関わりについて，話題を1つ紹介して本章の話を終わろう．冒頭にも触れた国際数学者会議が2006年に開催されたときに国際数学連合 (IMU) は，ガウス賞を新たに創設することを決めた．授賞の対象は，一言で言えばいろいろなことに役に立った数学であるが，このような賞にガウスの名前が付けられた理由は理解できる．この賞の第1回受賞者は伊藤清博士であった．日本人がノーベル賞級の賞を受けたのであるから新聞にも大きく報じられた．

さて，伊藤清博士は1942年確率論の分野で新しい理論を創ったが，戦時中のことでもあり，この論文は日本語，手書きで公表されている．戦後に英語に直して出版したが，この理論が1980年代になって，アメリカの経済学者から注目されるようになった．現在数理ファイナンス，金融工学と呼ばれている諸分野の基礎にこの理論がある．伊藤の方程式と呼ばれているものである．この業績で経済学者たちはノーベル賞を受賞した．

金融デリバティブという言葉を聞いたことがあるだろう．伊藤の方程式が現代の経済活動に大きな影響を与えるまでに50年以上の時間が過ぎている．数学の成果は明日すぐに役に立つというものではない．生活とどのように結

びついているか判断するためには50年経たなければならない．否，インターネットのセキュリティーの基礎にある理論の起源はユークリッドにまで遡ることを考えれば，50年は短すぎるかもしれない．

3 自然の表現

♪　ホルスト『木星』（組曲「惑星」より）

　本章のテーマは,「自然の表現」である．前章で数学の 3 つの働きということを述べた．その働きの 1 つである「道具としての数学」という観点から,数学の発展をながめてみよう．このとき,数学を「道具」として何をするのか,本章では,「自然」をその対象とする．私達は自然科学と数学とが互いに融合して展開されてきたことを,ヨーロッパで数学が発展したことの理由であると考えている．そこで,道具としての数学の発展を見るために,近世以降のヨーロッパにおける自然科学の発展の歴史を振り返ってみることにしよう．

　いつの時代にも,また他の地域でもそうであったように,中世ヨーロッパにおいても自然観測は引き続き行われていた．たとえば修道院では毎日の気温の変化を記録していた．そのうちに,数字の羅列だけでは変化がわかり難いから,何か工夫はないものかと誰かが考え,折れ線グラフのようなものが考案されていたという．このような蓄積が,デカルトによる解析幾何学の発見にも影響を与えたのではないだろうか．

1　ケプラーの法則とニュートンの法則

　観測の蓄積といえば,これまで繰り返し触れてきた天体観測が自然科学の発展の典型例である．実際,惑星の運動に関するデータの蓄積の上に,有名なケプラーの 3 法則が発見されたのである．

ケプラーは，チコ・ブラーエの精密な観測データから次のことを発見した．
- **(K1) 楕円軌道の法則**：惑星の軌道は，太陽を1つの焦点とする楕円である．
- **(K2) 面積速度一定の法則**：太陽と惑星を結ぶ線分が単位時間に通過する面積は，その惑星の軌道上の位置によらず一定である．
- **(K3) 調和法則**：惑星の公転周期の2乗は軌道の長軸の長さの3乗に比例する．

これらは，観測に基づく経験法則である．つまり，何か別の一般的な原理を仮定して，あたかも幾何学の定理のように，この3つの法則がその原理から論証される，というわけではない．ケプラー自身，もっと単純な原理からこの3法則が導かれないかと努力したが果たせなかった．

ケプラーの3法則は，もっと基本的な原理から得られる結果である，このことを私達はよく知っている．基本的な原理はニュートンが与えた．彼は「万有引力の法則」を発見し，さらに次の3法則を見出した．
- **(N1) 慣性の法則**：静止している物体は，ほかからの作用を受けない限り，もとと同じ状態を続ける．
- **(N2) 運動の法則**：物体の運動の変化は力の作用に比例し，その力の働く方向に起こる．
- **(N3) 作用反作用の法則**：2つの物体が互いにおよぼし合う力は，大きさが等しく方向が反対である．

いずれも大切な法則であるが，私達にとって最も重要なものは2番目の「運動の法則」である．方向を無視して大きさだけに注目すれば，力の大きさを F，加速度の大きさを α，比例定数を m と書いて，この法則は

$$F = m\alpha$$

という式で表される．比例定数 m は，物体の質量である．この式の意味はすぐ次の節で改めて考えることにする．

また，**万有引力の法則**とは，2つの物体の間には，その距離の2乗に反比例し，物体の質量に比例する引力が働く，というものである．引力の大きさを F，2つの物体の間の距離を r，物体の質量を M, m とすると，万有引力の法則を表す式は

$$F = G\frac{mM}{r^2}$$

である．ここで，G は比例定数である．

万有引力の法則はケプラーの3法則を仮定すれば従う結論である．この議論の紹介は省略するが興味ある読者は，山本義隆『解析力学 I, II』（朝倉書店）を参照されたい．同書では，ケプラーの3法則から万有引力の法則を導く過程を順問題，万有引力の法則と運動の法則からケプラーの3法則が従うことを逆問題として，詳しい解析がなされている．後者に関しては本章5節でふれる．

2　微分方程式と微分積分学

ニュートンの第2法則，すなわち運動の法則を直線上を運動する物体について考えてみよう．直線上の座標を x とすれば，x は時間 t の関数である．時間 t における物体の速度 v は，平均速度の極限値である．すなわち，v は

$$v = \frac{dx}{dt} = \lim_{h \to 0} \frac{x(t+h) - x(t)}{h}$$

で与えられる，時間 t の関数である．このとき，v の瞬間変化率が加速度 α である．つまり，加速度 α は，位置 x の時間 t に関する2階の導関数である．極限の式を使って表せば，

$$\begin{aligned}\alpha &= \frac{d^2 x}{dt^2} = \lim_{h \to 0} \frac{v(t+h) - v(t)}{h} \\ &= \lim_{h \to 0} \frac{x(t+2h) + x(t+h) - 2x(t)}{h^2}\end{aligned}$$

で与えられる量である．物体に働く力 F は，位置 x と時間 t の関数であることを考慮すると，運動の法則は

$$m\frac{d^2 x}{dt^2} = F(t, x)$$

という形の式になる．このように，未知の関数 $x = x(t)$ とその導関数との関係を与える式を**微分方程式**という．微分方程式を満足する関数 $x = x(t)$ を，その微分方程式の**解**という．

運動の法則は微分方程式を与える．ニュートンの時代では，微分積分学と微分方程式はほとんど同時に考えられていたのである．

微分積分学の基本定理

ニュートンは 24 歳のときに曲線の接線を求めることに関する論文を書いている．流率という概念を導入しており，いまから見れば微分係数のことである．しかし極限の考え方はまだ明確にはなっていない．ニュートンは極限の考え方をむしろ求積法に応用している．現代の見方からしたら十分ではなかったかもしれないが，やはり，微分積分学を確立した栄光はニュートンに帰するだろう．

微分積分と一口にまとめて言うが，ニュートンが考えたものは微分の概念である．積分の概念は，面積や体積に関係してずっと昔からあった．放物線に囲まれた図形の面積をアルキメデスが取り尽くし法という方法で計算している．ニュートンの重要な仕事は，面積を求める積分と，接線の傾きを求める微分とが，互いに逆の演算であることを示したことにある．この事実を**微分積分学の基本定理**という．

ここで微分積分学の基本定理について復習しておこう．定数 a, b に対して

$$\int_a^b f(t)dt$$

を，関数 $f(x)$ の**定積分**というが，積分範囲の上端 b を変数と見た関数

$$F(x) = \int_a^x f(t)dt$$

が関数 $f(x)$ の**不定積分**である．なお，その導関数が $f(x)$ となる関数 $F(x)$ を関数 $f(x)$ の**原始関数**という．微分積分学の基本定理とは，不定積分が原始関数の 1 つであること，すなわち，式で書けば

$$\frac{d}{dx}\int_a^x f(t)dt = f(x)$$

となることを示している．微分の逆演算であることは，積分の定義ではなくて，証明すべき結果である．

3 微分方程式と数理モデル

再び運動の法則を考えよう．力は大きさと方向を持っているから，数学的にはベクトルで表される．また，運動の方向は速度ベクトルが記述するが，運動の法則では加速度ベクトルに意味がある．つまり，上で考えた運動の法則を表す微分方程式は本来ベクトル方程式である．

$$m\frac{d^2\vec{r}}{dt^2} = \vec{F}(t, \vec{r})$$

ここでベクトル $\vec{r}$ などは空間中の運動を考えている場合には3次元ベクトル，平面内の運動ならば2次元ベクトルである．自然現象を数学という言葉を使って表すとき，その現象を表す微分方程式などが前章で述べた**数理モデル**ということになる．

(1) ディメンジョン

もう一度，ニュートンの運動法則

$$F = m\alpha$$

に戻って，この式で与えられる量の単位について考えよう．

右辺の m は物体の質量であるから，グラムあるいはキログラムというような重さの単位を持つ．この単位を M で表そう．また加速度は瞬間変化率で，速度は位置の変化を時間で割ったものである．このことから，長さの単位を L，時間の単位を T でそれぞれ表すことにすれば，加速度は，L/T^2 という単位で測られる．このような単位のことをディメンジョンという．法則を表す等式では右辺と左辺とは同じディメンジョンを持つ．すなわち，力のディメンジョンは ML/T^2 である．

物理学では次元解析といって，ディメンジョンを強く意識するが，数学では量に注目する解析を行うので，しばしば $m=1$ などと簡略化して考えることが多い．法則を得るときにも状態を理想化するなどの思考操作を行っているが，数理モデルを作るにも，本質を捉えそれを明確にするための抽象化が行われている．抽象化することは同時にいくつかのことがらをいったん忘れる，捨象することである．

それでも，その量が長さなのかあるいは長さの 2 乗なのかというディメンジョンは数学でも活きている．数学は自然を表す言語であるからそのように設計されているのだとも言えるし，数学が自然現象を反映している結果だと考えることもできる．

なお，ニュートンの力学では物体の大きさは無視して，これを点と見なす．質点というが，大きさを考えないという簡略化によって運動の本質がよく見えるようになっている．地球の大きさや構造を考慮する力学は別に考えればいいのである．

(2) 万有引力の法則

万有引力の数理モデルを考えてみよう．空間内の運動方程式であるから，物体の位置は 3 次元ベクトルで表される．

すなわち $\vec{r} = \begin{pmatrix} x \\ y \\ z \end{pmatrix}$ である．

しかし，いま考えている場合には 2 つの物体の間に働く力は引力だけであるから，これらの物体の運動はある平面内に限られている，束縛されている，と思ってよい．そこで，一方の物体の位置を原点とする座標平面をとれば，他方の物体の位置を表すベクトルは $\vec{r} = \begin{pmatrix} x \\ y \end{pmatrix}$ としてよい．別の言い方をすれば，z 軸方向に働く力はない．このとき，他方の物体がある点から原点に向かう単位ベクトルは次のようになる．

$$-\frac{\vec{r}}{r} = -\frac{1}{r}\begin{pmatrix} x \\ y \end{pmatrix}, \quad r = \sqrt{x^2 + y^2}.$$

したがって，万有引力の数理モデルは，微分方程式

$$m\frac{d^2}{dt^2}\begin{pmatrix}x\\y\end{pmatrix}=-G\frac{mM}{r^2}\cdot\frac{1}{r}\begin{pmatrix}x\\y\end{pmatrix}$$

で与えられる．右辺にマイナスが付いているのは，力が引力であることを表している．この式は5節で扱う．

(3) 自由落下

一番簡単な数理モデルとして，自由落下の微分方程式を与えよう．高さ h の場所から物体を落とすと，加速度一定の運動をする．下の図では落下する方向を y 軸にとっている．自由落下のモデルで右辺にマイナス記号が付いているのは，落下の方向が座標軸の下向きであるという理由による．ここで，比例定数 g は重力加速度である．

落下する方向を y 軸にとる．右辺が負になっているのは，落下の方向が下向きであるからである．g を重力加速度という．

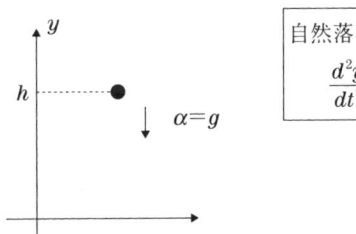

自然落下のモデル
$$\frac{d^2y}{dt^2}=-g$$

自由落下のモデルを満たす y を t の関数，$y=y(t)$ として具体的に与えることは容易である．

$$y=-\frac{1}{2}gt^2+vt+h.$$

微分方程式を満たす関数を一般に微分方程式の解という．この関数は自由落下の微分方程式の解であるが，さらに次の条件を満足している．

$$y(0)=h,\quad \frac{dy}{dt}(0)=v.$$

初めの式は時間 $t=0$ における物体の位置を，第2式は時間 $t=0$ における物体の速度を表している．自由落下はこの2つの条件で一通りに決まっている．このように，$t=0$ において解のとる値を与えることを，**初期条件**を与えるという．

4 微分方程式の解の存在と一意性

$$\frac{dx}{dt} = F(t, x)$$

のように，1階の導関数だけを含む微分方程式を **1階の微分方程式**という．この微分方程式の解が，ある $t = t_0$ においてとる値を与える条件

$$x(t_0) = x_0$$

を**初期条件**という．運動の法則

$$m\frac{d^2 \vec{r}}{dt^2} = \vec{F}(t, \vec{r})$$

は2階の導関数についての微分方程式，**2階の微分方程式**を連立させたものである．

はじめの例のように，1つの変数 x についての微分方程式だけが与えられているときにはこれを**単独微分方程式**という．また，すぐ前に挙げた運動の法則を表す微分方程式はベクトル $\vec{r}$ に関係しているので実際は2つ以上の微分方程式を表している．これを**連立微分方程式**という．

適当な条件の下で，微分方程式は与えられた初期条件を満たすただ1つの解を持つ．これは微分方程式論の基本的事実である．1階単独微分方程式について，この結果を定理としてまとめておく．

(1) 微分方程式の解の存在と一意性の定理

$$\frac{dx}{dt} = F(t, x)$$

において，$F(x, t)$ は領域

$$D = \{\,(t, x) \mid |t - a| \leqq r,\ |x - b| \leqq \rho\,\}$$

で連続であるとする．r, ρ は正の数である．$F(x, t)$ は D で有界，

$$|F(t, x)| \leqq M$$

であるが，さらに，リプシッツ条件，すなわち

$$(t, x_1),\ (t, x_2) \in D \text{ に対して } |F(t, x_1) - F(t, x_2)| \leqq L|x_1 - x_2|$$

を仮定する．M と L は正の定数である．

このとき，$r' = \min\left\{r, \dfrac{\rho}{M}\right\}$ とすると区間 $|t - a| \leqq r'$ で定義された1階連続微分可能な関数 $x = x(t)$ で，与えられた微分方程式を満たし，さらに $x(a) = b$ となるものがただ1つだけ存在する．

微分方程式の解の存在と一意性の定理は連立微分方程式についても成り立つ．この事実は重要なことがらである．連立微分方程式の場合には定理の記述が少し面倒になるので，事実を強調しておき，定理を具体的に書き表すことは省略する．

(2) 存在定理の意味

解の存在と一意性の定理が保証することを，たとえば運動方程式

$$m \frac{d^2 \vec{r}}{dt^2} = \vec{F}(t, \vec{r})$$

について述べよう．それは，この微分方程式の解 $\vec{r} = \vec{r}(t)$ で，初期条件

$$\vec{r}(0) = \vec{a},\quad \frac{d\vec{r}}{dt}(0) = \vec{b}$$

を満たすものがただ1つだけ存在するということである．

定理は簡単のため1階の微分方程式について述べたが，一般の場合も右辺の関数が連続でリプシッツ条件が満たされれば，微分方程式の解の存在と一意性が保証される．なお定理において F に関するリプシッツ条件は，下の条件から導かれる．

リプシッツ条件に代わる条件：$F(t, x)$ が x について偏微分可能で，偏導関数が領域 D で

$$\text{連続かつ有界,}\quad \left|\frac{\partial F}{\partial x}(t, x)\right| \leqq L.$$

力学の数理モデルなどではこの条件がほとんどの場合満足されている．つまり，初期条件を与えればこれを満たす解はただ1つだけ存在することがほとんど自動的に保証されている．

(3) 一意性定理の応用

たとえば 2 階の微分方程式

$$\frac{d^2x}{dt^2} + x = 0$$

を考える．2 つの関数

$$x = \sin(t-a) \quad \text{と} \quad x = \cos a \sin t - \sin a \cos t$$

はどちらも上の微分方程式の解であるが，これらは同時に同じ初期条件

$$x(0) = -\sin a, \ \frac{dx}{dt}(0) = \cos a$$

も満足している．したがって，一意性の定理から 2 つの関数は一致し，

$$\sin(t-a) = \cos a \sin t - \sin a \cos t$$

が成り立つ．これは三角関数の加法定理に他ならない．

𝄞5　ニュートンからケプラーへ

　ニュートンの 3 法則，とくに運動の法則と万有引力の法則を仮定すると，ケプラーの 3 法則が導かれる．前に挙げた山本氏の著書にいう逆問題であるが，その過程は数学的で，微分方程式論の応用問題である．微分方程式を使ってケプラーの法則を導くときには，まず面積速度一定の法則を示すのが簡単である．残りは若干面倒な計算を必要とする．ところでケプラー自身，最初に気がついたのは，やはり面積速度一定の法則である．余談であるが，数学的にはとくに意味があるわけではないがこの一致は不思議である．

(1) ケプラーの法則を導くこと

万有引力のモデル

$$m\frac{d^2}{dt^2}\begin{pmatrix} x \\ y \end{pmatrix} = -G\frac{mM}{r^2}\cdot\frac{1}{r}\begin{pmatrix} x \\ y \end{pmatrix}$$

から出発してケプラーの法則を実際に導いてみよう．ここでは，太陽を中心にして惑星の運動を考えているので，ベクトル $\vec{r}$ は 2 次元としている．以下証明の概略を紹介するが，微分方程式の計算であるから先を急ぐ読者は省略して次の項に進まれるとよい．

さて，この微分方程式を極座標に変換する．すなわち

$$x = r\cos\theta, \ y = r\sin\theta$$

を代入すると，微分方程式は次の 2 式になる．

$$\frac{d^2r}{dt^2} - r\frac{d\theta}{dt} = -\frac{GM}{r^2},$$
$$r\frac{d^2\theta}{dt^2} + 2\frac{dr}{dt}\frac{d\theta}{dt} = 0.$$

第 2 式は，h を時間によらない定数として

$$\frac{1}{2}r^2\frac{d\theta}{dt} = h$$

が成り立つことを意味しているが，これが面積速度一定の法則である．

次に $u = \dfrac{1}{r}$ と置き，面積速度一定の法則を考慮し，微分方程式から次のような関係式を得る．

$$\frac{d^2u}{d\theta^2} = -u + \frac{GM}{4h^2}.$$

すなわち，A と θ_0 を定数として

$$u - \frac{GM}{4h^2} = A\cos(\theta - \theta_0).$$

簡単のために $\dfrac{1}{\ell} = \dfrac{GM}{4h^2}$, $e = \ell A$ と置くと，2 次曲線の極方程式

$$r = \frac{\ell}{1 + e\cos(\theta - \theta_0)}$$

§5 ニュートンからケプラーへ　　37

に到達する．惑星の運動は周期的であるから $0 < e < 1$，すなわちこの 2 次曲線は楕円である．このようにしてケプラーの第 1 法則が示される．

さて，この楕円の長軸の長さを $2a$，短軸の長さを $2b$ とすると，楕円の面積は πab と表され，面積速度が h であるから，惑星の公転周期 T は $T = \dfrac{\pi ab}{h}$ である．一方，計算によると $\dfrac{b^2}{a} = \ell = \dfrac{4h^2}{GM}$ であるから，$T^2 = \dfrac{4\pi^2}{GM} a^3$．これが第 3 法則である．さらに

$$\frac{1}{T} \int_0^T \frac{dt}{r} = \frac{1}{a}$$

という関係が成り立つ．計算の実行は読者にお任せする．

(2) ポテンシャル

空間内を運動する質点に対する運動を考えよう．微分方程式

$$m \frac{d^2 \vec{r}}{dt^2} = \vec{F}(t, \vec{r}), \quad \text{ただし}, \vec{r} = \begin{pmatrix} x \\ y \\ z \end{pmatrix}$$

において，質点に働く力を $\vec{F} = \begin{pmatrix} F_x \\ F_y \\ F_z \end{pmatrix}$ とする．このとき，関係式

$$F_x = -\frac{\partial U}{\partial x}, \quad F_y = -\frac{\partial U}{\partial y}, \quad F_z = -\frac{\partial U}{\partial z}$$

が成り立つような関数 U を**ポテンシャル**という．この式は，力がポテンシャルの減る方向に働くことを示している．

ポテンシャルはいつでも存在するとは限らないが，万有引力の法則については確かに存在し

$$U = -G \frac{mM}{r}, \quad r = \sqrt{x^2 + y^2 + z^2}$$

がポテンシャルである．この場合，空間内で半径が一定の球面上ではポテンシャルの値は同じで，力は原点の方向に向かっている．

(3) 天体力学

運動の法則と万有引力の法則からケプラーの法則を導く計算では，微分方程式の解が時間のどのような関数であるかということは一切使っていない．太陽の周りを回る惑星の運動を時間の関数として表すことはできるけれど，それからわかることがらは多くない．上で紹介したような微分方程式の取扱いが有効であり，それで十分である．

なお，微分方程式の解を初等関数とその組み合わせで表すことを**求積**というが，求積はほとんどの場合数学的に不可能である．初等関数をきちんと定義することはできるが，ここではとりあえず，多項式や三角関数，指数関数など，高等学校で学ぶ関数のことであるとして間違っていない．

太陽と地球の運動にだけ注目した計算をしてきた．このような問題を二体問題というが，実際の太陽系では多くの惑星や衛星が関係し合っている．たとえば月の運動を考えてみよう．これを正確に計算しようとすれば，地球の引力だけではなくて，太陽の引力さらには木星など他の惑星の影響も考えなければならない．月と太陽と地球の3つに限定した場合を三体問題，それ以上を考えるときを多体問題という．

万有引力だけでも月に働く力は複雑である．それだけポテンシャルU，したがって力$\vec{F}$は難しい関数になるが方程式の形は同じである．そこで，この微分方程式を，コンピュータを使って数値的に解き，月の運動を実際に必要な精度で求めることができる．しかし求積することは三体問題についても数学的に不可能であることがわかっている．

簡単な法則に支配される複雑な星の運動の追求をするこの分野は**天体力学**と呼ばれている．現在でも天体力学は発展し続けているが，数学的な役割はいままでの展開だけを見ても計りしれない．定性的な微分方程式論をはじめとして，新しい数学の見方，考え方がここから生まれている．ポアンカレは天体力学に位置の解析学を導入し，現代幾何学，トポロジーの祖となった．

🎼 6　簡単なモデル

　これまで考えてきたのは未知関数 x が 1 つの変数 t の関数である場合で，このような微分方程式を**常微分方程式**という．$u = u(t, x)$ に関する微分方程式

$$\frac{\partial^2 u}{\partial t^2} - \frac{\partial^2 u}{\partial x^2} = u$$

のように，未知関数の偏導関数を含む**偏微分方程式**と区別したいときには常微分方程式というが，本章と次章においては，微分方程式といえば常微分方程式のことである．

(1) マルサスのモデル

　以下，いくつかの簡単な微分方程式を考える．まず a を定数として，線型方程式

$$\frac{dx}{dt} = ax$$

である．$a > 0$ のときにはこの微分方程式を**マルサスのモデル**という．人口あるいはある個体の数が増加していく様子を表している．

　この微分方程式の解は

$$x = Ce^{at}$$

である．ここで C は積分定数，e は自然対数の底である．積分定数を含んだ形で与えられる解を**一般解**ということがある．とくに，初期条件 $x(t_0) = c_0$ を満たす解は $x = c_0 e^{a(t-t_0)}$ である．このように，初期条件などにより定められた解を**特殊解**という．すべての特殊解の集まりが一般解である．

　右辺の係数が負の場合，つまり $b > 0$ として

$$\frac{dx}{dt} = -bx$$

のときには，解は $t \to \infty$ のとき $x \to 0$ となる．このモデルは，年代測定などに用いられる放射性元素の崩壊を表す．量が半分になるまでの時間 $T = \dfrac{\ln 2}{b}$ を半減期という．

(2) 線型 1 階微分方程式

$a = a(t)$ が t の関数である場合には，線型 1 階微分方程式

$$\frac{dx}{dt} = a(t)x$$

の解は，C を積分定数として

$$x(t) = C \exp\left(\int_{t_0}^{t} a(t)dt\right)$$

という形をしている．ただし，ここで $\exp \xi$ とは e^{ξ} のことである．ξ が長い式で表されているときには，$\exp \xi$ という長い書き方をする．

(3) 非斉次方程式

$a \neq 0$, b を定数として微分方程式

$$\frac{dx}{dt} = ax + b$$

は $b \neq 0$ のときは**非斉次**であるといわれる．この方程式に対して

$$\frac{dy}{dt} = ay$$

を**斉次形**という．非斉次方程式は簡単に斉次方程式に変換され解かれる．実際，右辺を

$$ax + b = a(x + c)$$

と書き直すと，$y = x + c$ は斉次方程式を満たす．非斉次方程式の解は $x = Ce^{at} - c$ となる．ただし C は積分定数である．さて，$x = -c$ は非斉次方程式を満たし，特殊解である．すなわち，非斉次方程式の解は，1 つの特殊解と斉次方程式の一般解の和という形をしている．$b = b(t)$ が定数でなくても，$x = f(t)$ を微分方程式

$$\frac{dx}{dt} = ax + b(t)$$

の特殊解とすれば，この方程式の解は $x = Ce^{at} + f(t)$ で与えられる．実際，$x = y + f(t)$ とおいて方程式に代入すると

$$\frac{dy}{dt} + \frac{d}{dt}f(t) = ay + af(t) + b(t), \quad \text{かつ} \quad \frac{d}{dt}f(t) = af(t) + b(t)$$

となる．したがって，y は斉次形の解である．

さらに，微分方程式
$$\frac{dx}{dt} = a(t)x + b(t)$$
の特殊解 $f(t)$ が与えられれば，この微分方程式の，$x(t_0) = c_0$ という特殊解は次のようになる．

$$x(t) = (c_0 - f(t_0)) \exp\left(\int_{t_0}^t a(t)dt\right) + f(t).$$

4 振動の方程式

♪ コルトレーン,ドルフィー『ヨーロピアンインプレッションズ』

本章でも前章に引き続いて微分方程式で表される数理モデルを扱う.今回の対象は「振動の方程式」である.摩擦のない床の上に置かれた球がバネで壁につなげられている,という状況を考えてみよう.

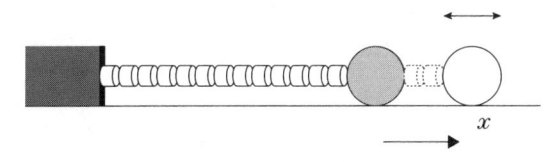

球を水平方向に少し引っ張ってから手を離せば,バネの働きで球は床の上を振動する.

1 バネの振動とフックの法則

静止の位置からのバネの伸びの長さを x とすると,球には x に比例する力 kx が働く.これを**フックの法則**という.球の質量を m とすれば,ニュートンの運動の法則により次の微分方程式を得る.

$$m\frac{d^2x}{dt^2} = -kx.$$

右辺にマイナスが付いているのは,力はバネの伸びと反対の方向に働くからである.この 2 階微分方程式が本章のテーマである.

(1) 振動の数理モデル

$m > 0, k > 0$ であるから $\omega^2 = \dfrac{k}{m}$ とおき，改めて微分方程式

$$\frac{d^2x}{dt^2} + \omega^2 x = 0$$

を考える．ディメンジョンを考えれば，$m = 1, k = \omega^2$ の場合であるとしてもよい．これを振動の数理モデルとして，数学的な解析を行う．以下 $\omega > 0$ とする．

まず，特殊解がすぐわかる．実際，$x = \sin \omega t$ とおいてみると

$$\frac{dx}{dt} = \omega \cos \omega t, \quad \frac{d^2x}{dt^2} = -\omega^2 \sin \omega t$$

であるから，$x = \sin \omega t$ は，この微分方程式の解である．同様に，$x = \cos \omega t$ も特殊解である．さらに，A と B を定数として，$x = A\cos \omega t + B\sin \omega t$ は微分方程式の解である．A と B の値は初期条件から定まる．2つの積分定数を含んだこの表示は，振動のモデルを表す微分方程式の一般解である．

(2) 線型微分方程式

微分方程式で，その2つの特殊解 $f(t), g(t)$ が与えられたとき，それらの線型結合

$$Af(t) + Bg(t), \quad A \text{ と } B \text{ は任意定数}$$

も解になるとき，この微分方程式を**線型**であるという．振動のモデル，前章で考えたマルサスのモデルなどは線型微分方程式である．実際，振動の数理モデルについて

$$\frac{d^2}{dt^2}f(t) + \omega^2 f(t) = 0, \quad \frac{d^2}{dt^2}g(t) + \omega^2 g(t) = 0$$

であれば，第1式を A 倍，第2式を B 倍して辺々足しあわせれば，$x = Af(t) + Bg(t)$ も振動を表す微分方程式を満足することが簡単に示される．

これに対して，万有引力のモデルを表す微分方程式は線型ではない．これは**非線型**微分方程式である．

振動の数理モデルの一般解 $x = A\cos\omega t + B\sin\omega t$ で，A と B の値を定めるために特別な初期条件

$$x(0) = 0, \quad \frac{dx}{dt}(0) = 0$$

を考える．定数関数 $x(t) = 0$ は明らかに振動の数理モデルの解であり，この初期条件を満たしているから，この定数関数解がただ1つのそのような解である．一方，一般解の表示から簡単な計算によって $A = B = 0$ が従う．このことは2つの特殊解，$\cos\omega t$ と $\sin\omega t$ が**一次独立**であることを示している．線型代数学の言葉を用いて結果をまとめれば，振動の数理モデルの一般解は，一次独立解，$\cos\omega t$ と $\sin\omega t$ の**一次結合**で表される．

(3) オイラーの公式

振動の数理モデルの解を別の方法で求めてみよう．α を定数とし，試しに $x = e^{\alpha t}$ とおいて微分方程式に代入する．この関数は微分方程式 $\dfrac{dx}{dt} = \alpha x$ を満たすから，$\dfrac{d^2 x}{dt^2} = \alpha^2 x$．したがって，定数 α は2次方程式 $\alpha^2 + \omega^2 = 0$ の根で，$\alpha = \pm i\omega$ となる．このようにして $\cos\omega t$ と $\sin\omega t$ とは別の一次独立な解，$e^{i\omega t}$ と $e^{-i\omega t}$ が得られた．すべての解はこの一次結合で表される．とくに，前項の結果から，解 $x = e^{i\omega t}$ は $\cos\omega t$ と $\sin\omega t$ との一次結合 $x = \alpha\cos\omega t + \beta\sin\omega t$ で表される．複素数 α と β は解の初期条件

$$x(0) = 1, \quad \frac{dx}{dt}(0) = i\omega$$

から定まる．実際，次の関係式が得られる．これはオイラーの公式として知られている．

$$e^{i\omega t} = \cos\omega t + i\sin\omega t.$$

私達はこの関係式を，微分方程式の解の存在と一意性の定理により確かめたのである．なお，この式で $\omega = \pi$（円周率），$t = 1$ とすれば，$\cos\pi = -1, \sin\pi = 0$ であるから

$$e^{\pi i} + 1 = 0$$

が得られる．この式を"もっとも美しい数式"と呼ぶ人もいる．

2 微分方程式の相空間

振動の数理モデルを表す微分方程式

$$\frac{d^2x}{dt^2} + \omega^2 x = 0$$

の解の振る舞いを，その具体的な表示を使わずに調べることを考えてみよう．そのために $v = \dfrac{dx}{dt}$ とおく．v は速さを表すが，これを t で微分すると微分方程式から $\dfrac{dv}{dt} = \dfrac{d^2x}{dt^2} = -\omega^2 x$ となる．1つの未知関数 x に対して，x と v を未知変数の組と考えると，上の2階単独線型微分方程式は次のような連立1階線型微分方程式系に移る．

$$\frac{dx}{dt} = v, \quad \frac{dv}{dt} = -\omega^2 x.$$

この微分方程式系から v を消去すると，x はもとの2階単独線型微分方程式を満たすから，これは互いに同値な変形である．

(1) 全エネルギー

振動の数理モデルでは，力はフックの法則により $F = -\omega^2 x$ である．ポテンシャル U は $F = -\dfrac{\partial U}{\partial x}$ で定義される x の関数であるが，$U = \dfrac{1}{2}\omega^2 x^2$ としよう．ここで関数

$$H = \frac{1}{2}v^2 + \frac{1}{2}\omega^2 x^2$$

を導入する．右辺第1項は，$m = 1$ としていることを考慮すれば，運動エネルギーを表す．第2項はポテンシャルエネルギーであり，この式は運動エネルギーとポテンシャルエネルギーの和である．この H を**全エネルギー**という．

さて x と v は t の関数であるから H もそうである．そこで H を t で微分する．合成関数の微分法を使って計算し，連立微分方程式を考慮すると

$$\frac{dH}{dt} = v\frac{dv}{dt} + \omega^2 x \frac{dx}{dt} = v(-\omega^2 x) + \omega^2 xv = 0,$$

すなわち，H は時間 t に依存しない量である．全エネルギーはある時刻 t_0 における x と v の値，すなわち初期条件で定まっている．この値を h と書こう．関係 $H = h$ は x と v との間に成り立つ代数的な方程式を定めている．

(2) 相空間

振動の数理モデルが表す運動の振る舞いを見るために，xv 座標平面を考える．まず
$$h = \frac{1}{2}v(t_0)^2 + \frac{1}{2}\omega^2 x(t_0)^2$$
によって h の値を定めれば，関係 $H = h$ は xv 座標平面内の楕円を表す．

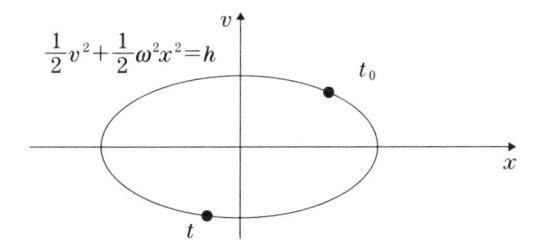

このような xv 座標平面を，振動のモデルを表す微分方程式の**相空間**という．振動はこの楕円上を回る運動で表されている．図中の●が楕円の周上を回るとき，これを x 軸から見れば確かに振動している．

また，楕円のパラメータ表示を適当にとれば，運動を t の関数として表すこともできる．

(3) ハミルトニアン

上で与えた関数
$$H = \frac{1}{2}v^2 + \frac{1}{2}\omega^2 x^2$$
を**ハミルトニアン**という．これを使うと，連立微分方程式は
$$\frac{dx}{dt} = \frac{\partial H}{\partial v}, \quad \frac{dv}{dt} = -\frac{\partial H}{\partial x}$$
という形をしている．これを**ハミルトン系**という．ハミルトン系は力学だけではなく，物理学でよく扱われる形式である．

3 連立線型微分方程式系

振動の数理モデルを相空間における連立微分方程式系で表したが、次にこれをベクトルと行列を用いて表す。関数を成分とするベクトルを微分するというのは、成分ごとに微分することなので、上で考えた連立微分方程式系は以下のように書かれる。

$$\frac{d}{dt}\begin{pmatrix} x \\ v \end{pmatrix} = \begin{pmatrix} 0 & 1 \\ -\omega^2 & 0 \end{pmatrix} \begin{pmatrix} x \\ v \end{pmatrix}$$

ここで、$\omega > 0$ である。

(1) 行列による表示

振動に限らずいろいろなモデルを考えるときに、連立微分方程式系を行列を用いて表すと便利である。実際、上で考えた微分方程式は、ベクトル $\vec{x}$ と行列 A を使うと次のような形をしている。

$$\frac{d\vec{x}}{dt} = A\vec{x}.$$

この微分方程式を単独 1 階線型微分方程式

$$\frac{dx}{dt} = ax$$

と比較してみよう。後者の解 $x = Ce^{at}$ は e^{at} の定数倍であった。では、行列系の微分方程式についても e のベキに行列 At が乗ったもの e^{At} が考えられないだろうか。

(2) 指数関数

簡単のため微分方程式 $\dfrac{dx}{dt} = x$ をとり、解 $x = e^t$ の別の表示を求めてみる。関数

$$f(t) = 1 + \frac{t}{1!} + \frac{t^2}{2!} + \frac{t^3}{3!} + \cdots + \frac{t^n}{n!} + \cdots = \sum_{n=0}^{\infty} \frac{t^n}{n!}$$

を考え，t で微分する．無限級数ではあるが多項式のように項別に微分することができ，$\dfrac{d}{dt}\left(\dfrac{t^n}{n!}\right) = \dfrac{t^{n-1}}{(n-1)!}$ より，$\dfrac{d}{dt}f(t) = f(t)$ となることがわかる．すなわち，$f(t)$ も微分方程式 $\dfrac{dx}{dt} = x$ を満たし，しかも $f(0) = 1$ であるから解の一意性により

$$e^t = 1 + \frac{t}{1!} + \frac{t^2}{2!} + \frac{t^3}{3!} + \cdots + \frac{t^n}{n!} + \cdots$$

が成り立つ．このようにして関数 e^t のテイラー展開としてよく知られた式が再び得られる．この式をもとにして，一般の m 次正方行列 A に対しても e^A を

$$e^A = I + \frac{A}{1!} + \frac{A^2}{2!} + \frac{A^3}{3!} + \cdots + \frac{A^n}{n!} + \cdots = \sum_{n=0}^{\infty} \frac{A^n}{n!}$$

と定義する．ここで I は m 次単位行列である．e^A は $\exp A$ とも書く．

右辺の無限級数がどのような正方行列 A に対しても収束することは後で確かめる．このとき，与えられた A に対して $\dfrac{A^n}{n!}$ は計算できるから，正方行列 $\exp A$ が確かに定まる．たとえば対角行列 $A = \begin{pmatrix} a & 0 \\ 0 & b \end{pmatrix}$ については，$A^n = \begin{pmatrix} a^n & 0 \\ 0 & b^n \end{pmatrix}$ であるから，$\exp A$ は次のようになる．

$$\begin{aligned}\exp A &= \sum_{n=0}^{\infty} \frac{1}{n!} \begin{pmatrix} a^n & 0 \\ 0 & b^n \end{pmatrix} \\ &= \begin{pmatrix} \sum_{n=0}^{\infty} \dfrac{a^n}{n!} & 0 \\ 0 & \sum_{n=0}^{\infty} \dfrac{b^n}{n!} \end{pmatrix} = \begin{pmatrix} e^a & 0 \\ 0 & e^b \end{pmatrix}\end{aligned}$$

(3) 行列による解の表示

変数 t をとり，m 次正方行列 A に対して，行列関数 $X = \exp tA$ を考える．すなわち

$$X = I + \frac{tA}{1!} + \frac{t^2 A^2}{2!} + \frac{t^3 A^3}{3!} + \cdots + \frac{t^n A^n}{n!} + \cdots = \sum_{n=0}^{\infty} \frac{t^n A^n}{n!}$$

とする．X を t で微分すると，

$$\frac{d}{dt}\left(\frac{t^n A^n}{n!}\right) = A \frac{t^{n-1} A^{n-1}}{(n-1)!}$$

より，次の関係式が得られる．

$$\frac{dX}{dt} = AX.$$

したがって，連立線型微分方程式系

$$\frac{d\vec{x}}{dt} = A\vec{x}$$

の解は，定数ベクトル $\vec{c}$ を用いて $\vec{x} = (\exp tA)\vec{c}$ という形をしている．$\vec{c}$ は初期条件から定まる．上で求めた行列関数 $X = \exp tA$ を，この連立線型微分方程式系の**基本行列解**という．連立線型微分方程式系を解くことは，基本行列解を求めることに帰着する．

(4) 振動の数理モデルの解

$A = \begin{pmatrix} 0 & 1 \\ -\omega^2 & 0 \end{pmatrix}$ の場合に $\exp tA$ を計算してみよう．

計算により，$A^2 = -\omega^2 I$ となることが確かめられる．I は 2 次の単位行列である．したがって，$A^3 = -\omega^2 A$, $A^4 = \omega^4 I$ となり，すべての A^n が求まる．計算して次の表示を得る．

$$\exp tA = I + \frac{t}{1!}A - \frac{\omega^2 t^2}{2!}I - \frac{\omega^2 t^3}{3!}A + \frac{\omega^4 t^4}{4!}I + \cdots$$
$$= \left(1 - \frac{\omega^2 t^2}{2!} + \frac{\omega^4 t^4}{4!} - \frac{\omega^6 t^6}{6!} + \cdots\right) I$$
$$+ \left(\frac{1}{1!} - \frac{\omega^2 t^2}{3!} + \frac{\omega^4 t^4}{5!} - \frac{\omega^6 t^6}{7!} + \cdots\right) tA.$$

$\cos \omega t$ と $\sin \omega t$ のテイラー展開を使うと，この式は

$$\exp tA = (\cos\omega t)I + \left(\frac{\sin\omega t}{\omega}\right)A$$

となる．

(5) 級数の収束

　m 次正方行列 A に対して，無限級数 $\sum_{n=0}^{\infty}\dfrac{A^n}{n!}$ が収束することを確かめておく．証明の概略は次の通りである．まず，行列の級数が収束するというのは，m^2 個の各成分が収束することである．さて，行列 $A=(a_{jk})$ の成分 a_{jk} の絶対値 $|a_{jk}|$ のうち一番大きいものを $\|A\|$ で表そう．A^2 の成分の絶対値の最大値 $\|A^2\|$ について

$$\left|\sum_{l=1}^{m}a_{jl}a_{lk}\right| \leq \left|\sum_{l=1}^{m}|a_{jl}||a_{lk}|\right| \leq \sum_{l=1}^{m}\|A\|^2$$

より，$\|A^2\| \leq m\|A\|^2$ となるから，以下同様に

$$\|A^3\| \leq m^2\|A\|^3, \quad \|A^4\| \leq m^3\|A\|^4, \cdots$$

が成り立つ．当然 $\|A^n\| \leq m^n\|A\|^n$ であるから，無限級数 $\sum_{n=0}^{\infty}\dfrac{A^n}{n!}$ の各成分は，級数 $\sum_{n=0}^{\infty}\dfrac{m^n\|A\|^n}{n!}$ で上からおさえられる．この級数は確かに $e^{m\|A\|}$ に収束する．したがって，優級数法により行列の無限級数の各成分も収束する．

　念のために，優級数法について結果のみ書いておく．

「$|a_n| \leq M_n$ とする．無限級数 $\sum_{n=0}^{\infty}M_n$ が収束すれば $\sum_{n=0}^{\infty}a_n$ も収束する．」

(6) 線型代数学の応用

　2 次正方行列の場合に $\exp A$ をどのように計算するか，その概略を紹介しよう．線型代数学によれば，2 次正方行列 A は正則行列 P を適当にとることによって，行列 $B = P^{-1}AP$ を標準形にすることができる．2 次正方行列の標準形 B は次のいずれかである．

$$\begin{pmatrix} a & 0 \\ 0 & b \end{pmatrix}, \quad \begin{pmatrix} a & 1 \\ 0 & a \end{pmatrix}.$$

ところで，$\left(P^{-1}AP\right)^n = P^{-1}A^nP$ であるから，$\exp\left(P^{-1}AP\right) = P^{-1}(\exp A)P$ が成り立つ．すなわち $\exp A$ を計算するためには，標準形 $B = P^{-1}AP$ に対して $\exp B$ を計算すればよいことになる．行列 A を標準形 $B = P^{-1}AP$ に変換する正則行列 P を具体的に求めることは，線型代数学の話題であり，ここではこれ以上深入りしない．

2次対角行列 $B = \begin{pmatrix} a & 0 \\ 0 & b \end{pmatrix}$ については3節 (2) ですでに $\exp B$ は計算した．ただし，この場合行列 A が実行列であっても，a と b は実数であるとは限らないことを注意しておく．

(7) 例

行列 $B = \begin{pmatrix} a & 1 \\ 0 & a \end{pmatrix}$ に対して $\exp tB$ を計算してみよう．

まず，$N = \begin{pmatrix} 0 & 1 \\ 0 & 0 \end{pmatrix}$ とおくと B は次のように表される．

$$B = aI + N.$$

ここで I は2次単位行列である．

ところが，$N^2 = 0$ であるから，$B^2 = a^2 I + 2aN$. 以下，二項定理により $B^n = a^n I + n a^{n-1} N$ となり，B^n が計算できた．したがって，$\exp tB$ は以下のように求められる．

$$\begin{aligned}
\exp tB &= \sum_{n=0}^{\infty} \frac{t^n B^n}{n!} \\
&= \sum_{n=0}^{\infty} \frac{t^n a^n}{n!} I + \sum_{n=1}^{\infty} \frac{t^n a^{n-1}}{(n-1)!} N \\
&= e^{at} I + t e^{at} N = e^{at} \begin{pmatrix} 1 & t \\ 0 & 1 \end{pmatrix}.
\end{aligned}$$

4 外力のある振動

バネの振動で，外部から時間に依存する力，外力 $f(t)$ が働いている場合，その数理モデルは微分方程式

$$\frac{d^2x}{dt^2} + \omega^2 x = f(t)$$

で表される．この微分方程式は非斉次形であるが，1階のときと同様に2階の場合も，微分方程式の特殊解 $\varphi(t)$ がわかれば，$x = \varphi(t) + y$ とおいて斉次形の微分方程式

$$\frac{d^2y}{dt^2} + \omega^2 y = 0$$

に帰着する．この微分方程式は外力のない場合の振動を表し，その解は1節の (1) ですでに求めた．

(1) 特殊解の計算

外力として $f(t) = a \sin \alpha t$ という形の力が働いている場合を考える．$\alpha^2 \neq \omega^2$ のとき，特殊解を見つけることは難しくはない．$x = b \sin \alpha t$ とおいて微分方程式に代入すると，

$$(-\alpha^2 + \omega^2) b \sin \alpha t = a \sin \alpha t \text{ から，} \quad b = \frac{a}{\omega^2 - \alpha^2}$$

となる．この特殊解の形から，$\alpha^2 \neq \omega^2$ のときには，解は3つの関数 $\cos \omega t$，$\sin \omega t$，$\sin \alpha t$ の一次結合で表され，時間の経過においてその値は有界である．もともとのバネが持っている振動数，固有振動数とは異なる振動数を持つ振動を外力として加えた場合にあたる．

この方法は $\alpha^2 = \omega^2$ であるときには使えないが，このときは $x = -\frac{a}{2\omega} t \cos \omega t$ が特殊解である．このことを確かめる計算は同様にできるので，読者にお任せする．この特殊解の振幅は時間に依存しているので，時間 t の経過とともに振動の幅がだんだん大きくなり，バネは壊れてしまう．固有振動数と同じ振動を外から強制的に与えれば，振れはどんどん大きくなる．橋梁などが弱い風で壊れてしまうというのはこの場合である．

(2) 行列系

外力のあるときにも，微分方程式を行列の形で書いてみよう．速度 $v = \dfrac{dx}{dt}$ を考え

$$\vec{x} = \begin{pmatrix} x \\ v \end{pmatrix}, \quad A = \begin{pmatrix} 0 & 1 \\ -\omega^2 & 0 \end{pmatrix}, \quad \vec{f} = \begin{pmatrix} 0 \\ f(t) \end{pmatrix}$$

とすると，単独の微分方程式は連立微分方程式系

$$\frac{d\vec{x}}{dt} = A\vec{x} + \vec{f}$$

に変換される．この場合も特殊解 $\vec{\varphi}(t)$ に対して $\vec{x} = \vec{\varphi}(t) + \vec{y}$ とおけば $\vec{y}$ は斉次形

$$\frac{d\vec{y}}{dt} = A\vec{y}$$

の解となる．この微分方程式系の基本行列解を $Y = \exp tA$ とすると，斉次形の方程式については，すべての解が $\vec{y} = Y\vec{c}$ という形をしていた．ここで $\vec{c}$ は定数ベクトルである．

そこで，元の方程式について，$\vec{x} = Y\vec{u}$ という形の解を求める．ただし今度は $\vec{u}$ を未知ベクトルと考える．この方法を**定数変化法**という．実際に微分方程式に代入すると

$$\frac{dY}{dt}\vec{u} + Y\frac{d\vec{u}}{dt} = AY\vec{u} + \vec{f}, \quad \frac{dY}{dt} = AY \text{ より} \frac{d\vec{u}}{dt} = Y^{-1}\vec{f}$$

となる．最後の式を 1 回積分すると $\vec{u}$ が求まる．

𝄞 5 調和振動子

フックの法則に基づく振動の数理モデルから出発して，新しいモデルを作る．そのために，2 節 (1) に出てきた振動の数理モデルの全エネルギーと似た式

$$H = \frac{1}{2}p^2 + \frac{1}{2}x^2$$

を考える．この式も**ハミルトニアン**と呼ぶが，まったく違う解釈をする．以下説明するモデルを**調和振動子**という．

(1) 量子化

この H は関数ではなくて，別の関数 ψ に作用する作用素とみる．どのように関数 ψ に働くか，それを

$$H\psi = -\frac{1}{2}\frac{d^2\psi}{dx^2} + \frac{1}{2}x^2\psi$$

と定める．x^2 は ψ に掛け算されているだけだが，p^2 は，$-\dfrac{d^2}{dx^2}$ に置き換わっている．一般に関数 ψ にその導関数 $\dfrac{d\psi}{dx}$ を含む式を対応させる作用を**微分作用素**という．正確にいうと p は微分作用素 $\dfrac{1}{i}\dfrac{d}{dx}$ を表している．i は虚数単位である．このような操作は**量子化**と呼ばれるものの特別な場合である．ハミルトニアンは関数ではなくて微分作用素を表す．

ハミルトニアンが作用する関数 ψ は複素数値をとり，さらに

$$\int_{-\infty}^{\infty}|\psi|^2 dx < \infty$$

という条件を満足するものだけを考える．この式の意味は左辺の広義積分が収束するということである．この条件は後で**境界条件**と呼ばれる．

(2) シュレーディンガー方程式

ここで境界条件を満足する関数として $\psi_0 = \exp\left(-\dfrac{1}{2}x^2\right)$ をとる．ハミルトニアンが関数 ψ_0 にどのような作用をしているか計算すると，次の式が成り立つことがわかる．

$$H\psi_0 = \frac{1}{2}\psi_0.$$

逆に，境界条件を満足する関数でこの式を成り立たせるものは ψ_0 の定数倍だけである．この式は ψ_0 についての微分方程式と見ることができる．定数

E に対して微分方程式

$$H\psi = E\psi$$

をシュレーディンガー方程式という．

　量子力学のシュレーディンガー方程式は偏微分方程式であるが，適当な条件の下に常微分方程式に帰着させたものがこの微分方程式である．微分方程式の解はいつでも存在するが，解 ψ に境界条件を付けているので，特別な E の値のときだけ求める解が存在する．そのような E のことをシュレーディンガー方程式の固有値という．結果だけ書くと，固有値は n を 0 以上の整数とするとき，$E_n = \dfrac{1}{2} + n$ で，そのとき境界条件を満たす解は

$$\psi_n = H_n(x)\psi_0$$

の定数倍だけである．ここで $H_n(x)$ は x の n 次多項式で，**エルミート多項式**と呼ばれている．このように，固有値が飛び飛びの値しかとらないことは量子力学の特性である．

(3) 特殊関数

　エルミート多項式 $H_n(x)$ は微分方程式

$$\frac{d^2y}{dx^2} - 2x\frac{dy}{dx} + (2n+1)y = 0$$

を満たす．これは $H\psi_n = E_n\psi_n$ に $\psi_n = H_n(x)\psi_0$ を代入して計算すれば確かめることができる．エルミート多項式のように物理学にはいろいろな関数が現れる．これらの関数は**特殊関数**と呼ばれている．$\sin x$ や e^x などの初等関数も特殊関数であるが，初等関数は係数が定数であるような常微分方程式の解である．一方，エルミート多項式の微分方程式は係数が x にもよっている．だから初等関数よりも少し高級であるが，物理学や工学の諸分野によく出てくるので，詳しく調べられている．最後に特殊関数を定める微分方程式をいくつか紹介して終わることにしよう．

　　超幾何微分方程式：$x(1-x)\dfrac{d^2y}{dx^2} + (c - (1+a+b)x)\dfrac{dy}{dx} - aby = 0.$

合流型超幾何微分方程式：$x\dfrac{d^2y}{dx^2} + (c-x)\dfrac{dy}{dx} - ay = 0.$

ベッセル微分方程式：$\dfrac{d^2y}{dx^2} + \dfrac{1}{x}\dfrac{dy}{dx} + \left(1 - \dfrac{\nu^2}{x^2}\right)y = 0.$

ここで，a, b, c, ν は定数である．なお，特殊関数のうちガンマ関数

$$\Gamma(s) = \int_0^\infty e^{-x} x^{s-1} dx$$

はこのような微分方程式は満たさず，次の差分方程式で特徴づけられる．

$$\Gamma(s+1) = s\Gamma(s).$$

5 自然と数学

♪ ベートーベン『交響曲第6番「田園」』

　本章は著者のうち岡本和夫と薩摩順吉が「自然と数学」をテーマとして対談した内容が基になっている．以下のものは，その対談を会話の調子を残しつつ，読むことを考慮して一部書き直したものである．話の中で自由に引用されている専門用語については，章末に必要最低限の補いはしてあるが，細かいことは気にせず全体の流れを重視してほしい．そのことによって，自然と数学の関わりを理解していただくことが，本章の目的である．

1　「場」とオイラー

　岡本　これから「自然と数学」というテーマで話をしていきたいと思います．第1章から第4章までは私が担当しています．第6章から第9章までを書かれるにあたって，まず自然と数学に関するお考えを聞かせていただければと思います．

　薩摩　第4章までの話題の中では自然と数学との関わりで常微分方程式が中心でした．それがさらに発展し，自然現象一般を取り扱うようになっていく，そういうところがこれからのテーマです．微積分が発見された時代は，ニュートンやライプニッツ，17世紀～18世紀で，主に力学を取り扱った時代です．だからこの時代は「力学の世紀」と呼ばれることもあります．第6章以降は，19世紀に入ってから偏微分方程式を扱うようになったところから始まります．

偏微分方程式とは，要するに変数が 2 個以上の関数についての微分方程式です．実際の自然をより精密に扱うためには，必然的に多変数の関数を処理しなければいけない．

　たとえば酔っ払いがふらふら歩いている，これを数学ではランダムに動いていると言いますが，ふらふら場所を移動する．場所の移動は時間とともに変わっていく．つまり，時間と場所との関数としての運動を扱う．こういうことがこれからの主なテーマです．先ほど言いましたように，19 世紀になるとそうした多変数の対象を扱う時代に入った．「力学の世紀」に続いて 19 世紀は「場の世紀」である，ということがあります．これが私のメインテーマになります．

　岡本　「場の世紀」というときの場というのはフィールドという意味ですね．18 世紀が「力学の世紀」，19 世紀が「場の世紀」というのは，なるほど私の専門から見てもなかなかうまい言い方であると思います．確かに 18 世紀は前に触れたように，力学や天文学，これが数学に大きな実りを与える時代で，19 世紀になると時間と場所という場で定義された，たくさんの変数を持った現象が対象となる．現象としては自然現象が対象ですね．

　薩摩　そうです．まず具体的に扱うのはバネの振動と弾性体の運動です．弾性体というのはバネがたくさん連なったものと考えてください．次にはこういう対象の延長上にある流体の運動，これは水の流れですね．それから熱の現象，これについてはフーリエによって大きな仕事がなされたのです．時代がもう少しあとに対象となるのは電磁気，たとえば電子の巨視的な運動である電流です．ここで挙げたことが時間と空間の関数で，場を取り扱う必要が生じたのです．

　岡本　18 世紀の終わりから 19 世紀にかけて，数学だけではなくて物理学でも大巨人であるオイラーが登場します．

　薩摩　私の大好きな人です．

　岡本　私も同じです．ドイツ系の人で，非常に多作な人です．場の考え方というのはオイラーに始まると言われています．私の若いころ「場の世界はおいらの世界」と言っておりました．

　薩摩　私は聞いたことない．

岡本 おいら，オイラーと覚えました．オイラーの数学には代数解析学がありますが，この思想に基づく数学が実を結ぶのは 20 世紀の終わりであろうと思います．場の理論との関係では，オイラーの数学についてどのように考えていますか．

薩摩 私は数学を専門にしていますが，物理学も専門で，数学と物理学のちょうど中間くらいにいます．工学も対象としているので，応用数理が専門だとも言えます．オイラーの時代では数学とか物理学とか区別はなかった．オイラーは数学だけではなくて物理学についても非常に大切な仕事をしています．

私の大好きなオイラーの言葉があります．それは，「数学とは実験である」．まずただひたすら計算する．その上で「計算をすると法則が見えてくる．その見えてきた法則を一般的に証明するというのが数学である」と言っています．オイラーは力学の法則を数学的に証明しようとしたらしい．それはもちろん失敗した．物理的なことがらは純粋に数学で証明できるものではない．失敗はしたけれど，彼はそうした計算のなかから法則を見出す．この精神でたくさんの結果を得ている．

ところで，大学の授業では，オイラーの名前の付いたことがらはどのくらいありますかね．

岡本 たくさんありますね．オイラーの法則，オイラー角，

薩摩 オイラーの公式．これは三角関数と指数関数を結びつけた式だけれど，関数論はまだできあがってはいませんでしたか．

岡本 オイラーの公式，$e^{i\theta} = \cos\theta + i\sin\theta$ が一番大きい．第 4 章でふれました．

薩摩 私が扱う，自然のなかにおける数学の解析で，オイラーのほかにも，ラグランジュ，ベルヌーイ，名前を挙げればたくさん出てきます．そういう数学的に重要な仕事をした人たちの大本の動機は，結局自然現象を解析することです．そのおもしろさを伝えたいと思っています．

2 　19世紀における数学の展開

岡本　歴史の話を続けますが，ラグランジュの『天体力学』という本が出版されたのは 1788 年，フランス革命の前年であったと思います．私達はいま，ラグランジュアン誕生後 200 年という時代に生きていますが，力学は解析力学として大きく進歩する．オイラーのあと，ハミルトンによる力学の理論，最小作用の原理という定式化，そのように進んでいきます．

19 世紀，フランス革命後のナポレオン時代に，フランス人のフーリエという，偉大な数学者が出ます．フーリエは熱伝導についての解析を行い，この仕事は大いに発展してフーリエ解析という，広く使われる数学になっています．熱伝導は当然大きなテーマですね．

薩摩　フーリエの仕事は，フランス革命の時代でもありますが，学問的にも革命的なことであると主張したい．最初は意識していなかったかもしれないけれども，彼はそれ以前の関数に対する考え方をまったく変えてしまったといえるでしょう．熱伝導の仕事はフランス・アカデミーの懸賞に応募した仕事だそうです．問題を簡単に説明しましょう．鉄の棒を考えてください．棒の一方を氷に浸け，もう一方を沸騰した湯に接触させましょう．このとき，棒の中の温度分布がどうなるか．この問題を考えるに際しての大切な点は，関数概念の拡張です．関数というと，私達がよく知っているのは三角関数 $\sin x$，$\cos x$ とか，もっと簡単な x^2 や x^3 などのベキ関数ですが，そういうものを全部，無限まで足したものを考える．ベキ関数ならば「ベキ級数」ですね．

岡本　三角関数を無限に足しあわせたものはフーリエ級数ですね．

薩摩　フーリエはベキ級数をさらに進めて，フーリエ級数という形で熱伝導の解を書き下した．このことによって結果的にそれまでの関数概念をまるっきり変えてしまいました．自由な発想でものを考え熱伝達の仕組みを非常にうまく説明した．それまでは多変数の関数を扱う偏微分方程式の取り扱いは難しかったのですが，彼の導入した方法はその熱伝達ばかりでなくさまざまなものに使える．後でお話することになりますが，数学についての不連続的な発展，まさに革命的なものでした．

岡本 「不連続」という言葉が出てきました．ついでながら，フーリエは必ずしも滑らかにつながっているとは限らない関数についての解析の手法を与えたことにもなります．いまでも大きな影響を与えている，自然を貫く数学から新しい数学を創ったという偉大な人ですね．

さて，18世紀にはダランベールがいます．波動方程式のダランベールの公式に名前が残っています．洗面器に水を張っておいて，ここに石を落とすと波が起きてそれが伝わっていく．この波の動きからもわかるように，波はだんだんと遠くに伝わっていくし，実は逆に時間をさかのぼっても同じ運動が見える．波の運動つまり波動と違って，熱伝導はもとへ戻れない．フーリエは非可逆と呼ばれる現象，そういう現象を扱ったということです．

薩摩 波動は時間反転が可能です．だから，空間的にもきれいな対称性を持つ．たとえば，いま私たちはしゃべっています．私の口から出た声は音で，この音は360度一定の密度で伝播していく．波動を表す偏微分方程式，波動方程式は時間・空間についてきれいな対称性を持っている方程式です．この方程式は数学的に美しいというだけではなくて，現実の問題と関連しても非常に大切なものです．ダランベールが最初に考えたのは比較的簡単な波であったかもしれないけれども，それにとどまらず光の伝播，海の波，津波も波動の方程式で表される．

18世紀に波動についての研究も進みました．それから波動だけではなくて弾性体もあります．伸び縮みするゴムも弾性体です．一番わかりやすいたとえは昔習ったバネ，そのバネがたくさん連なったものが弾性体です．光の波とか音の波もその延長上でとらえることができる．こういう研究が19世紀にかなり進んだ．

岡本 波の伝播に関する波動方程式の研究が19世紀から20世紀にかけて数学的に発展した．これも自然の研究から産まれた数学で，同時に自然を貫く数学の1つでもある．ところで，津波が話の中に出てきました．津波は将来扱うことになる非線型の波で，詳しいお話はもう少し先のお楽しみということにしておきたいと思います．

19世紀は「場の世紀」という話に戻ります．先ほどラグランジェの天体力学の本の出版が1788年という話をしましたが，次の年，つまりフランス革命

の年，1789年にコーシーが生まれています．だから，フランス革命200年記念の年はコーシー生誕200年でもありました．実は私達が学校で教えているときに，オイラーと同じようによく出てくる名前がコーシーです．コーシーといえば第1に関数論のコーシーの定理，

薩摩 コーシーの積分公式と2つあります．

岡本 複素関数論の主定理です．自然を貫く数学に関係して，物理数学と数理物理学という分野があります．数学と物理の融合された領域ですが，「19世紀の終わりごろには，数理物理学とは，複素関数論の別名であった」という文章，20世紀初めに書かれたものですが，こんな文章を読んだことがあります．関数論の発展，とくにコーシーからリーマンへの流れは19世紀らしい，つまり「場の世紀」である19世紀にふさわしい．これについてはどう考えますか．

薩摩 流体力学の方程式は複雑な偏微分方程式，ナビエ–ストークス方程式です．現代でも，その解析がきわめて難しい対象です．ナビエ–ストークス方程式は，ある近似のもとではオイラー方程式になります．専門的な言葉でいうと粘性がない流体です．

岡本 粘らない．

薩摩 さらさらしている，というと少し違いますが，まあ粘らない，そういう流体を扱うと関数論に自然に行き当たる．そのような自然は調和関数で表される．

岡本 まさに関数論ですね．

薩摩 はい，調和関数そのものです．コーシー–リーマンの関係式が調和関数の持つ性質ですが，ここには深いきれいな数学的構造があります．粘性のない流体を表すオイラーの方程式の解析では，関数論が使える．19世紀の終わりごろは皆さん生き生きと研究を進めていたのではないでしょうか．

3 自然の新しい認識

岡本 リーマンの関数論は流体の研究でもあります．コーシー–リーマン

の方程式は流体の方程式ですが，逆に流体の考え方によって関数論を展開する．リーマンの写像定理という有名な定理があります．数学的に一言で言えば，単連結領域は等角に円の内部に写ると主張する定理です．この定理は流体の定理でもあります．縮まない流体はいつかは丸いところにおさまってくる，別の言い方をすると，円の内部から流れ出た流体はどんな形を保つだろうか．19世紀には，数学と自然を調べる学問である物理学とはほとんど離れてなかった．

薩摩 20世紀になって変化したのであって，それ以前には数学と物理学は深い関係があり，さらに物理を中心としてその他の学問との接触が活きていた．まさにそういう時代でありました．いまのは，その典型的な例です．一言付け加えます．コーシー–リーマンの方程式，調和関数の理論は20世紀に入ってから飛行機の翼の設計に使われた．クッタ–ジューコフスキーの定理とも呼ばれています．

数学と物理学とがほとんど一緒に調べられていた時代から，そういう結果が飛行機を設計するというきわめて実用的なことに使われる時代に移っていく．

岡本 確かに，ジューコフスキー変換はリーマンの写像定理の具体的な応用例です．詳しく説明するには等角写像のお話をしなくてはいけません．それはともかく認めてもらって先に行きましょう．リーマンの写像定理の仮定の下で，与えられた図形を単位円の内部に写す写像がありますが，その具体例をデータとして一番たくさん持っているのはイギリスの空軍関係の研究所である，と聞いたことがあります．翼の設計に関係する理由からでしょうね．

歴史をたどりますと，19世紀とは数学と物理学にとってそういう時代だった．ところで，数学史の上では第一次世界大戦が終わるまでを19世紀の数学というらしい．その意味で19世紀後半，フランスに大数学者ポアンカレが出る．この人も天体力学で非常に大きな仕事をし，影響を与えています．現在の幾何学につながる仕事です．トポロジーという分野がまさにそれです．一方，物理学の世界では19世紀の終わり頃から，マクスウェルの電磁気学，ボルツマンの統計力学が発展する．この流れが20世紀に入ろうというところにアインシュタインが出る．暦の上では20世紀，文化史上ではまだ19世紀です．

薩摩　2005年はアインシュタインが特殊相対性理論の論文を発表してからちょうど100年の記念で，国際物理年でした．彼は，相対論だけではなくて，1905年に3つの大きな仕事をしています．相対論，ブラウン運動，光量子仮説，この3つです．彼は当時特許局に在籍していて，いまの博士課程大学院生くらいの年でありました．自然と数学の話をするにあたって，アインシュタインの仕事は象徴的なものですので，私としては少しコメントしておきたい．

いま挙げた3つのうち，まずブラウン運動の話をします．これは，簡単にいうと，水の表面上に撒かれた花粉のでたらめな運動です．これは一体どういうものか，この仕組みを解析するために，アインシュタインはブラウン運動の理論を立てた．それは先ほど話した，ランダムな現象を扱う偏微分方程式で，でたらめな運動を表すために確率論的な量に依存する．この仕事はそれでも，18世紀，19世紀の数学の延長上のことがらを使って導かれた結果であるといってよいでしょう．

一方，光量子仮説，まさに光が粒子性を持っているという仮説ですが，彼自身が一人でどこまで到達したかということは別にして，この考え方はそれまでの，対象に対する物理的な考え方をまるっきり変えた．偏微分方程式で取り扱うだけではなくて，代数的に取り扱う．代数学は20世紀以降，自然を取り扱う数学のなかで役割を果たすようになりますが，これを象徴する仕事が，この光量子仮説だと思います．

岡本　ブラウン運動がいわば解析の一里塚とすると，光量子仮説は代数学の象徴である．残る1つは相対論ですが．

薩摩　幾何です．リーマン幾何にリーマンの名前が残り，ポアンカレも計量に名前を残しています．リーマンがもし長生きしていたらアインシュタインに先んじて相対論を創っていたかもしれない．

岡本　そうかもしれませんね．それはおもしろい歴史上の仮説ですね．

薩摩　18世紀が力学の世紀で，19世紀が場の世紀であるとすると，20世紀は，一口では言いにくいのですが，代数学とか幾何学とか，自然と直接結びついているようには見えない数学が，実際の現象を解析する道具として使われるようになった，そう言ってよいのではないでしょうか．

岡本　まとめると，19世紀は「場の世紀」であるが，とくに自然と数学の

かかわりを偏微分方程式という視点からいろいろ解析していきたい．これが第6章から第9章を通したテーマである，ということですね．

薩摩 はい．私の担当する部分の最後のほうでは，いま述べたように代数学や幾何学がかかわり合う非線型現象の話題も含めて，20世紀からその先を見越した話を紹介します．

岡本 19世紀，20世紀と，自然を貫く数学がどのようにつながるかということがこの本の全体のなかで見えてくればいいなと私は思っています．最後に鼎談の機会を設けてあるので，続きは先に延ばしておきましょう．

ところで，自然現象と数学との関係については，2つの側面があると考えています．自然を解析するために，新しい数学が必要である．そのとき，すでに数学としては知られていることがらが非常に大きな威力を発揮するということ，これが第一の観点です．他方，自然現象を解析する過程でそれまでは知らなかった新しい数学が生まれて，それがその現象だけではなくてもっといろいろなところに役に立つ．こういう実例を私達はたくさん経験として知っています．

薩摩 私は，そのことに加えて，コンピュータがいろいろなことを変えた，と思っています．その上で，今後数学とその他の学問がお互いに接点を持ちつつ，新しい数学が生まれていく時代になることを期待しています．

岡本 ある特別な目的のために創られたとしても，数学は汎用性を持つ，思わぬところに使われる．アインシュタインについて本で読んだところによると，彼は学生時代，ミンコフスキーの授業に出席していた．「あんなにつまらない授業はなかった．しかし，後であれほど役に立った授業もなかった」と言ったとか．この授業はたぶんミンコフスキー空間に関係することだったのでしょう．数学の強さは，汎用性というか，思わぬところに使われるところにある．

薩摩 数学という学問はタイムスパンが長い．明日すぐに結果がどうのこうのということにはならないけど，ずっと後で非常に役に立つということはいままでもたくさんあったし，これからもいっぱいあるでしょう．

岡本 当初の想定とは違うところで役に立つという例はたくさんあります．

薩摩 まったく数学的な興味だけである方程式の解を求めたが，その解が

実際の現象として，現象を説明するものとして，きわめて重要なものである，こういう例はたくさんあります．だから，数学を学ぶというときには，数学は無味乾燥なところがあるように見えるけれども，実はいろいろなものにつながっている，このことを少しでも考えると，なかなか勉強も楽しくなるのではないかと思っています．

岡本 それが本書の目的でもあります．

4 まとめ

いろいろな話題が出てきたが，簡単にまとめてみよう．18世紀は「力学の世紀」，19世紀は「場の世紀」というのは標語としておもしろい．時代をよく言い表しているだけではなくて自然科学と数学のあり方と発展がわかる．自然現象の数学的解析が進み，それによって自然に対する理解が深まり，数学自身も大発展したことがこの対談から読み取れれば幸いである．以降の各章の内容とあわせて「自然と数学」ということの意味が伝えたい，これが著者の意図である．本章に加えて第10章の対談，第15章の鼎談も適宜読み返していただきたい．

対談のはじめの方にランダムな運動について触れていたが，これは次のようなイメージである．数直線上に点があって，サイコロを振り，偶数の目が出たら右に1，奇数の目が出たら左に1進む運動を考える．サイコロの目の出方は偶然に支配されているから，n 回の試行の後で点がどこにいるか予想がつかない．こういう運動をランダムウォーク，日本語では酔歩という．アインシュタインの仕事のブラウン運動は水の表面に浮かんだ花粉の微粒子が水の分子運動によってでたらめに動くものである．

本書では幾何学を紹介する機会がないので，ここで若干補足しておく．幾何学というとまずユークリッド幾何学を思い浮かべる．2つの三角形の合同条件を中学校で学んだが，合同とは図形が「ピッタリ重なる」ことであった．図形を重ねることは，数学的には平面の変換で表される．長さを変えない変換を合同変換というが，合同変換で変わらない図形の性質を調べる学問がユー

クリッド幾何学である．合同変換が，平行移動，回転移動と裏返しの合成で表されることはご存じだろう．

次に，平面上に2点P, Qをとり，この2点を結ぶ最短の線を考えてみよう．誰でもすぐに，それは2点を結ぶ線分であると答える．これはユークリッド幾何学の特性であって，これだけが幾何学ではない．この事実は19世紀に見出され，その発見はセンセーショナルな出来事であった．ユークリッド幾何学は完全なもので，諸学問の規範と思われていたから，ユークリッド幾何学はもっと広い幾何学の特別な1つというものの見方は思想的にも大きな影響を与えた．

xy座標平面で上半分，つまり$y>0$という部分を考えてみよう．この領域を上半平面と呼ぶ．上半平面内に2点P, Qをとる．この2点を結ぶ最短の線を線分とすればそれに基づく幾何学はユークリッド幾何学である．いま，下図のようにPとQを通りx軸に直交する半円を描く．このときPとQとを結ぶ円弧を，2点を結ぶ「最短」の線であるとする．

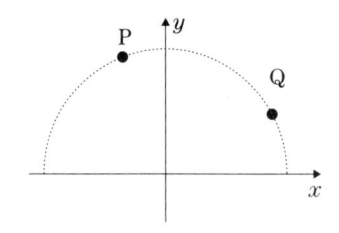

このようにしても上半平面の幾何学を考えることができる．非ユークリッド幾何学の一例である．第3の点Rをとり，PとQ, QとR, RとPをそれぞれ「最短」の円弧で結ぶと三角形ができる．これを円弧三角形というが，この内角の和は2直角より小さい．

アインシュタインの相対性理論を説明する簡単なモデルを紹介しよう．以下の話は概略を与えるイメージなので，厳密な議論に興味のある方はしかるべき文献にあたっていただきたい．さて，もう一度xy座標平面に戻って2点P, Qをとり，それぞれの座標を

$$(x_1, y_1), \quad (x_2, y_2)$$

としよう．ユークリッド幾何学では 2 点間の距離は，ピタゴラスの定理により

$$\sqrt{(x_1 - x_2)^2 + (y_1 - y_2)^2}$$

である．つまり，1 点 P(x, y) と原点 O$(0, 0)$ の距離の 2 乗は $x^2 + y^2$ である．この量をここではメトリックと呼ぼう．合同変換は 2 点間の距離を変えないから，このメトリックを保つ，不変にする幾何学がユークリッド幾何学である．

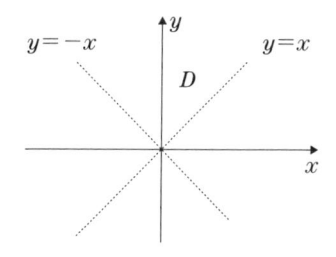

　同じ xy 座標平面で，今度は $-x^2 + y^2$ というメトリックを考えてみよう．方程式 $|y| = |x|$ は上図のような 2 本の直線で，これらが y 軸を挟む領域 D 内でメトリックは正である．このメトリックを不変にする幾何学も考えることができ，アインシュタインの特殊相対性理論の幾何学モデルとなっている．このモデルでは y は時間を表し，2 直線 $y = x$ を光錘，light cone という．原点を出発する点の運動は領域 D 内に留まる．光だけが光錘上を進む．

　宇宙の構造を理解するためには一般相対性理論が必要となる．アインシュタインは宇宙方程式と呼ばれる偏微分方程式を考察した．この方程式はリーマン幾何学の言葉を準備しないと説明できないので，残念ながら省略せざるを得ない．宇宙方程式は難しい方程式だが，特別な場合に特殊解を求めることはできる．実際，そのようにして非常に不思議な現象を表す解が見つかり，これにブラックホールという名前を付けた．ブラックホールが数学上の概念に留まらず，現実にも存在すると考えられるようになったのは最近のことである．

6 現象の数理

♪ シューベルト『ピアノ五重奏曲イ長調「鱒」』

1 力学の世紀から場の世紀へ

　ニュートンの運動法則のうち，運動方程式は変位の 2 階微分である加速度が，力÷質量に比例するというものであった．その結果，方程式は一般に 2 階の微分方程式になる．ニュートン力学はこの微分方程式を解く，すなわち初期条件を与えて積分し，解を求めるということが主な内容となる．この方法は自然科学の展開において決定的なものであった．これまでの章で述べてきたように，ニュートンは微分方程式を用いて，万有引力の法則から天体力学におけるケプラーの法則を説明するのに成功した．ニュートン以降，運動方程式を解くという方法が，力学を中心として多くの研究者に引き継がれていくことになる．

　18 世紀は力学の世紀と呼ばれることがある．とくに，ニュートン力学が質点や剛体の運動を対象として盛んに研究された時代だったからである．数学的には常微分方程式が取り扱われた．力学の世紀に対して，19 世紀は場の世紀と呼ばれる．18 世紀，すでに流体力学や弾性体力学ができあがっていたが，19 世紀になると熱学や電磁気学も登場する．こうした学問は場の量を対象とする．すなわち，一般に時間 1 次元・空間 3 次元，合わせて 4 次元の量を相手とする．多変数関数を扱わなければならないわけである．

一例として弾性体のモデルを見てみよう．第 4 章 1 節で紹介したように，フックの法則にしたがうバネの振動は，質点の質量を m，バネ定数を k とし，質点の平衡位置からの変位を x と書けば

$$m\frac{d^2x}{dt^2} = -kx$$

の常微分方程式で表される．この式の解を求めることで現象が解析できる．この場合，1 つの質点の時間変化だけが問題であり，独立変数は時間 t のみである．

さて，図 6.1 のようにバネと質点をたくさん連ねた系，バネ質点系を考えてみる．図において，u_n は番号 n が付けられている質点の変位，m は質点の質量，k はバネ定数，a は平衡位置にあるときの質点間の距離（格子定数）である．この場合，各質点の位置がどこであるかということも踏まえて運動を解析する必要がある．すなわち，方程式の独立変数としては，時間 t だけでなく質点の位置も考慮しなければならない．

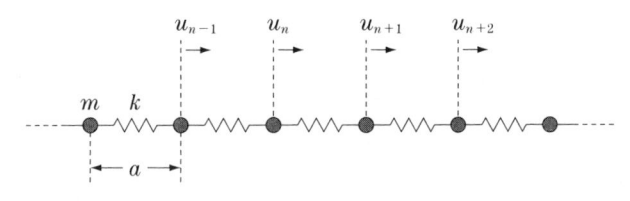

図 6.1 バネ質点系

なお，このバネ質点系は弾性体の代表例であり，2 次元や 3 次元に拡張すると，結晶や構造物の基礎モデルともなり，理工学の応用上よく使われるものである．

もう 1 つの例として，物体の温度分布の時間変化を考えてみよう．この場合，温度を従属変数とすると，3 次元空間の位置 (x, y, z)，時間 t の 4 つの独立変数の関数として方程式をたてなければならない．それが偏微分方程式である．多変数関数を微分するとき，どの変数で微分しているかを指定するため，d のかわりに ∂ の記号を用いる．以下，∂ を含む方程式を考えていくことになる．

𝄞 2 3つの代表的な偏微分方程式

偏微分方程式は現象に応じて特徴的な形をとる．まず代表的な3つを紹介しておくことにしよう．最初の例は

$$\frac{\partial u}{\partial t} = D\frac{\partial^2 u}{\partial x^2} \tag{6.1}$$

である．次章で詳しく説明するが，この方程式は**拡散方程式**といい，たとえば，鉄の棒の一方を氷で冷やし，他方を沸騰した湯につけたとき，棒の温度分布がどう変化するかといった現象を表すのに用いられる．そのため，**熱方程式**と呼ばれることもある．なお，式 (6.1) の右辺の D は定数で**拡散係数**という．

また，式 (6.1) を**放物型方程式**ということがある．左辺が t に関して 1 階，右辺が x に関して 2 階の微分を含むので，$t = x^2$ の放物線になぞらえて放物型というのである．

2つ目の例は

$$\frac{\partial^2 u}{\partial x^2} + \frac{\partial^2 u}{\partial y^2} = 0 \tag{6.2}$$

である．この方程式は微分の部分を $\Delta = \partial^2/\partial x^2 + \partial^2/\partial y^2$ と書いて，$\Delta u = 0$ と表すことができる．記号 Δ を**ラプラシアン**といい，方程式は**ラプラス方程式**と呼ばれる．これは，電場や流れ場のおちついた状態を表し，**調和方程式**と呼ばれることもある．また，解を**調和関数**という．なお，式 (6.2) は x に関する 2 階微分と y に関する 2 階微分の和なので**楕円型方程式**という．

3つ目は

$$\frac{\partial^2 u}{\partial t^2} = c^2\frac{\partial^2 u}{\partial x^2} \tag{6.3}$$

であり，**波動方程式**という．これは，さきに述べたバネ質点系の振動状態が伝わる，すなわち波の伝播を表すのに用いられる式であり，**双曲型方程式**ともいう．

これら 3 つの型の式を用いて，いろいろな自然現象が，とくに 19 世紀以降詳しく調べられてきた．

3 離散モデル

　代表的な偏微分方程式がなぜこのような形になるかを知るためには，離散モデル，すなわち差分方程式を考えるとわかりやすい．まず，常微分方程式の簡単な例を見ておくことにしよう．

　第3章6節(1)でも紹介した生物の増殖を表すマルサスのモデルは，微分方程式で

$$\frac{du}{dt} = \alpha u \tag{6.4}$$

と書かれる．ただし，$u = u(t)$ は時刻 t における生物の個体数であり，$\alpha > 0$ は増殖率である．この式はもともと

$$u(t + \Delta t) - u(t) = \alpha \Delta t u(t) \tag{6.5}$$

の差分方程式を基礎としている．この式は，時間 Δt ごとの生物の増加数は，そのときの生物の個体数に比例するというわかりやすいモデルである．式(6.5)を解くのは難しくない．時刻 $t = 0$ における u の値 $u(0)$ が与えられているとき，$u(t + \Delta t) = (1 + \alpha \Delta t) u(t)$ の漸化式を Δt ごとに計算していけばよい．結果として，$t = n\Delta t$ における u の値は

$$u(n\Delta t) = (1 + \alpha \Delta t)^n u(0)$$

となる．これは金融における複利計算の式と同じである．

　この場合は容易に結果が得られた．しかし，一般に差分方程式の解の形を具体的に書き下すのはそう簡単でない．そこで，差分方程式のかわりに $\Delta t \to 0$ の極限をとった微分方程式(6.4)を考えるのである．第3章6節(1)で示したように，(6.4)の特殊解は

$$u(t) = e^{\alpha t} u(0) \tag{6.6}$$

と表される．この解はすぐ上に示した差分方程式の解と本質的に同じものである．複利計算の項 $(1 + \alpha \Delta t)^n$ が，極限をとった世界では1つの関数 $e^{\alpha t}$ で表現されるというわけである．

4 ランダムウォーク

さて，前節の考え方を多変数の場合に適用しよう．図 6.2 のように直線（x 軸）の間隔 Δx の離散点を Δt の時間ごとに移動する物体 $u(x,t)$ の運動を考える．たとえば，えさである草が無尽蔵にある線路上を羊が移動しているという状況を想定すればよい．このモデルでは，各物体は1回の移動で必ず隣の点にいくとし，右へいく確率と左へいく確率は等しく $\frac{1}{2}$ であるとする．このモデルは**ランダムウォーク**，または日本語で**酔歩**と呼ぶ．日本語訳では移動する物体を酔っぱらいに見立てたのである．

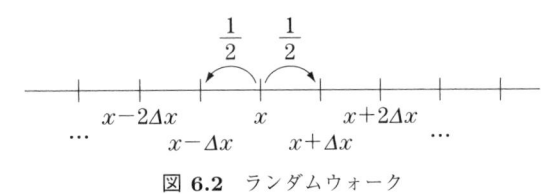

図 **6.2** ランダムウォーク

この移動過程を式で書くと，

$$u(x, t+\Delta t) = \frac{1}{2}\{u(x-\Delta x, t) + u(x+\Delta x, t)\} \tag{6.7}$$

となる．時刻 t に $x-\Delta x$ にいたものの半分と，$x+\Delta x$ にいたものの半分が時刻 $t+\Delta t$ に場所 x を占めるというわけである．この式の解は図式的に求めることができる．

いま，物体が $t=0$ で $x=0$ に集中していたとしよう．式では

$$\begin{cases} u(0,0) = u_0 > 0, \\ u(x,0) = 0 & (x \neq 0 \text{ のとき}) \end{cases}$$

と表される．この初期条件をもとに，$u(x,\Delta t), u(x, 2\Delta t), \cdots$ を順次求めていけばよい．結果は図 6.3 である．2項分布にしたがいながらどんどん拡がっていくことが見てとれる．

差分方程式は u について1次の式，すなわち線型であるから解の重ね合わせが可能である．したがって，$t=0$ で u が空間的に分布している場合も，

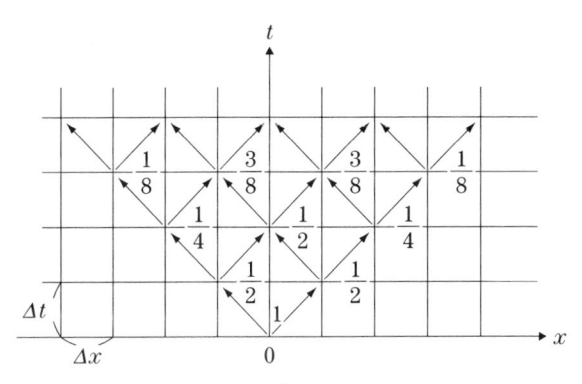

図 **6.3** ランダムウォークの解

図 6.3 の結果をもとに解を得ることができる．すなわち，各点ごとに図 6.3 と同様の操作を行い，以降の時刻 $\Delta t, 2\Delta t, \cdots$ においてはそれらの結果を単純に足し合わせればよい．どんな初期値を与えても，以降の時刻における解は 2 項分布の和として得られるのである．

さて，式 (6.7) で $\Delta x, \Delta t$ が小さいとして，微分方程式に書き直すことを考える．まず，次のテイラー展開の式を思い起こそう．

$$u(x, t + \Delta t) = u(x, t) + \frac{\partial u(x,t)}{\partial t}\Delta t + O((\Delta t)^2), \quad (6.8a)$$

$$u(x \pm \Delta x, t) = u(x, t) + \frac{\partial u(x,t)}{\partial t}\Delta x$$
$$+ \frac{1}{2}\frac{\partial^2 u(x,t)}{\partial x^2}(\Delta x)^2 + O((\Delta t)^3). \quad (6.8b)$$

ここで，O は次数を示すランダウの記号である．たとえば，$O((\Delta x)^n)$ は (Δx によらない数) $\times (\Delta x)^n$ を意味する．これらの式を式 (6.7) に代入すると，

$$\frac{\partial u(x,t)}{\partial t} = \frac{1}{2}\frac{(\Delta x)^2}{\Delta t}\frac{\partial^2 u(x,t)}{\partial x^2} + O\left(\Delta t, \frac{(\Delta x)^4}{\Delta t}\right)$$

が得られる．ただし，$O(\Delta t, (\Delta x)^4/\Delta t)$ は $O(\Delta t)$ と $O((\Delta x)^4/\Delta t)$ をまとめて書いたものである．

上式で $\Delta x, \Delta t \to 0$ の極限をとる．ただし，Δx は 1 回の移動で動く距離，$\Delta x/\Delta t$ は移動の速さであり，その積 $(\Delta x)^2/\Delta t$ が一定値 $2D$ となるように

♪4 ランダムウォーク　　75

尺度 $\Delta x, \Delta t$ を選ぶ．すると，

$$\frac{\partial u}{\partial t} = D\frac{\partial^2 u}{\partial x^2}$$

が得られる．これは 2 節で紹介した拡散方程式に他ならない．すなわち，拡散方程式はランダムウォークと深く関わっているのである．解の類似性については次章で詳しく述べることにする．

5　2 次元ランダムウォーク

今度は 2 次元のランダムウォークを考えてみよう．羊が草原を自由に動き回っている状況を考えればよい．いま，図 6.4 のように x 軸方向には間隔 Δx, y 軸方向には間隔 Δy で区切られた格子を用意し，Δt の時間ごとに物体 $u(x, y, t)$ が各格子点を移動するとする．今度は，上下左右に物体が移動する確率が等しく $\frac{1}{4}$ である．この移動過程を式で表すと，

$$\begin{aligned}u(x, y, t + \Delta t) =& \frac{1}{4}\{u(x - \Delta x, y, t) + u(x + \Delta x, y, t) \\ &+ u(x, y - \Delta y, t) + u(x, y + \Delta y, t)\}\end{aligned} \quad (6.9)$$

となる．すなわち，時刻 t に $(x \pm \Delta x, y), (x, y \pm \Delta y)$ にいたもののそれぞ

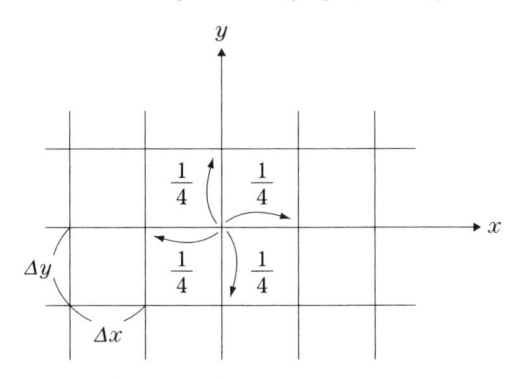

図 6.4　2 次元ランダムウォーク

れ $\frac{1}{4}$ が, 時刻 $t + \Delta t$ に場所 (x, y) にくるというわけである.

解はどうなるか. ある点に物体が集中していたとしよう. すると, 1次元の場合と同様, 2項分布を拡張した形で徐々に拡がっていく. 解の挙動は定性的に1次元の場合と変わらない.

差分方程式 (6.9) から微分方程式を作る操作も 1 次元の場合と同じである. いま, 簡単のために Δx と Δy を同じとする. すなわち, $(\Delta x)^2/\Delta t = (\Delta y)^2/\Delta t = 2D$ とし, $\Delta x, \Delta y, \Delta t \to 0$ の極限をとると,

$$\frac{\partial u}{\partial t} = D\left(\frac{\partial^2 u}{\partial x^2} + \frac{\partial^2 u}{\partial y^2}\right) \tag{6.10}$$

の偏微分方程式が得られる. この式は空間2次元の拡散方程式である. 1次元の場合と比較して独立変数が増えたけれども, 解の振る舞いはやはり1次元と同様である.

さて, 2次元の拡散方程式で u が t によらない, すなわち定常状態を考えてみよう. このとき, 式 (6.10) の左辺 $= 0$ となるから,

$$\frac{\partial^2 u}{\partial x^2} + \frac{\partial^2 u}{\partial y^2} = 0$$

が得られる. これは 2 節で紹介したラプラス方程式である. ラプラス方程式を調和方程式ともいうと述べたが, その理由は差分方程式に戻ってみると一目瞭然である.

2次元ランダムウォークの式 (6.9) で u の t 依存性を無視すると,

$$\begin{aligned}u(x,y) = \frac{1}{4}\{&u(x-\Delta x, y) + u(x+\Delta x, y) \\ &+ u(x, y-\Delta y) + u(x, y+\Delta y)\}\end{aligned} \tag{6.11}$$

となる. この式はある点の値が周りの4つの点の値の相加平均であることを示している. すなわち, ある点の値は周りの点の値より大きくも小さくもならない. 調和のとれた状態が実現しているのである.

ランダムウォークから出発して, 代表的な偏微分方程式である拡散方程式と調和方程式を導いた. このように, モデルをたてるときには離散的な場合を考えるほうがわかりやすいことをもう一度指摘しておきたい.

7 拡散方程式と調和方程式

♪　ヴィバルディ『調和の霊感』

1　フーリエの問題

　第6章でランダムウォークを表す差分方程式から拡散方程式と調和方程式が得られることを示した．本章では，それらの偏微分方程式を解く方法を紹介する．まず，拡散方程式を詳しく扱い，応用例として調和方程式を考えることにしよう．

　拡散方程式を解く問題で大きな仕事をしたのはフーリエである．フーリエは1768年にフランス，ブルゴーニュ地方で生まれた．9歳までに両親を亡くし孤児になったが，修道院が管理する地元の陸軍予備学校に入り数学に打ち込んだ．彼はきわめて優秀であったため，1796年に28歳の若さでエコルポリテクニクの教授になった．また，修道士の経験があり，講義はとても素晴らしいものだったそうである．

図 **7.1**　フーリエ (1768–1830)

　フーリエはニュートン以来の数理物理があまりにも天体力学に片寄っており，もっと身近なものを対象とすべきだと主張し，物性物理，すなわち流体，弾性体，固体などの力学の研究を行った．1811

年に科学アカデミーの懸賞論文に応募して賞をとったのが,これから述べる熱伝導の問題である.

まず,第 6 章で示した式

$$\frac{\partial u(x,t)}{\partial t} = \frac{\partial^2 u(x,t)}{\partial x^2}, \quad 0 < x < \pi, \quad 0 < t \tag{7.1}$$

を考える.なお,ここでは簡単のために $D=1$ としている.方程式の変数 u は x と t の関数であり,t に関する条件,初期条件と x に関する条件,境界条件を与えないと解は完全に決まらない.いま,初期条件を

$$u(x,0) = x(\pi - x)$$

境界条件を

$$u(0,t) = u(\pi, t) = 0$$

とする.物理的に考えると,長さ π の鉄棒をとり,u を鉄棒の温度として,両端を 0 度の温度にした場合に相当する.これが境界条件である.また,最初に温度が鉄棒の真中で $\dfrac{\pi^2}{4}$ の最大値をとり,両端で 0 となるような 2 次関数の分布をしているとするのである.この鉄棒の温度の時間変化を調べるのがフーリエの問題である.数学の言葉では偏微分方程式の初期値・境界値問題という.

🎼 2　フーリエ級数の方法

フーリエが解を求めるのに用いた方法を順を追って見ていくことにしよう.最初のステップは特解を得るための変数分離である.まず,u を

$$u(x,t) = P(x)Q(t)$$

のように x だけの関数と t だけの関数の積で書けると仮定し,式 (7.1) に代入する.その結果,

$$\frac{Q'}{Q} = \frac{P''}{P} = \lambda \tag{7.2}$$

が得られる．ただし，$'$ や $''$ は対応する独立変数に関する微分を表す．左辺は t だけの関数，中辺は x だけの関数なので，λ は定数である．したがって，

$$P'' - \lambda P = 0, \tag{7.3a}$$

$$Q' - \lambda Q = 0 \tag{7.3b}$$

が成り立つ．変数分離をして，解法がわかっている常微分方程式に，まず帰着させるのである．

2つの常微分方程式のうち，最初に x に関する (7.3a) を解こう．定数 λ が正のとき，解は指数関数で表される．また，λ が負のときは三角関数で表される．自明でなくかつ境界条件を満たす解を持つためには $\lambda < 0$ でなければならず，

$$P = c_1 \cos kx + c_2 \sin kx \tag{7.4}$$

が1つの解となる．ただし，c_1, c_2 は積分定数，$k = \sqrt{-\lambda}$ である．ところで，$x = 0, \pi$ で $u = 0$ の境界条件を考慮すると，$c_1 = 0$，c_2 は任意，k は整数にならなければならない．つまり，

$$P = c_2 \sin nx, \quad n = 1, 2, 3, \cdots$$

が境界条件を満たす解となる．このように自明でない解が存在するときの λ の値 $(-n^2)$ を**固有値**，対応する解を**固有関数**という．

さて，$\lambda = -n^2$ のとき Q に対する微分方程式の解は

$$Q = c_3 e^{-n^2 t} \quad (c_3 \text{ は積分定数})$$

であるから，式 (7.1) の1つの特殊解

$$u(x, t) = u_n(x, t) = b_n e^{-n^2 t} \sin nx \tag{7.5}$$

が得られた．ただし，b_n は $c_2 c_3$ を1つの定数で書いたものである．

ここからがフーリエの提案した大切なステップである．拡散方程式は u について1次の項しか含んでいない．すなわち，線型方程式である．したがって，

解の重ね合わせが成り立つ．この場合，すべての自然数 n について式 (7.5) を足し合わせた

$$u(x,t) = \sum_{n=1}^{\infty} b_n e^{-n^2 t} \sin nx \tag{7.6}$$

が境界条件を満足する一般的な解である．あとは初期条件を満たすように係数 b_n を決定する．そのためには，式 (7.6) で $t=0$ とし，

$$u(x,0) = x(\pi - x) = \sum_{n=1}^{\infty} b_n \sin nx \tag{7.7}$$

が成立するように各 b_n を定めればよい．上式の無限和は現在**フーリエ級数**と呼ばれているものの一例である．

係数 b_n を求めるには三角関数の直交性を用いる．すなわち，三角関数は

$$\int_{-\pi}^{\pi} \sin nx \sin mx\, dx = \begin{cases} \pi & (n = m \text{ のとき}), \\ 0 & (n \neq m \text{ のとき}) \end{cases}$$

を満たしていることに注意する．いまの問題では，$0 < x < \pi$ で定義された関数 $x(\pi - x)$ を奇関数と考え，$-\pi < x < \pi$ に拡張する．すると，式 (7.7) はその奇関数を正弦関数の無限和で表したことになっている．そこで，上の直交性を用いると，

$$\begin{aligned} b_n &= \frac{2}{\pi} \int_0^{\pi} x(\pi - x) \sin nx\, dx \\ &= \frac{4\{1 - (-1)^n\}}{\pi n^3} \end{aligned} \tag{7.8}$$

が得られる．この結果を式 (7.6) に代入して，初期値・境界値問題の解が，

$$u(x,t) = \sum_{n=1}^{\infty} \frac{8}{\pi(2n+1)^3} e^{-(2n+1)^2 t} \sin(2n+1)x \tag{7.9}$$

と完全に定まった．

この解は無限和で与えられているが，有限項までの和で十分よく近似できる．なぜなら，指数関数の部分は n が増加すると急速に減少するからである．

図 7.2 は式 (7.9) の級数の最初の 4 項を用いて描いた近似解である．解は時間とともに減少していくことが見てとれる．第 6 章で示したランダムウォークの解と同様の挙動を示しているのである．

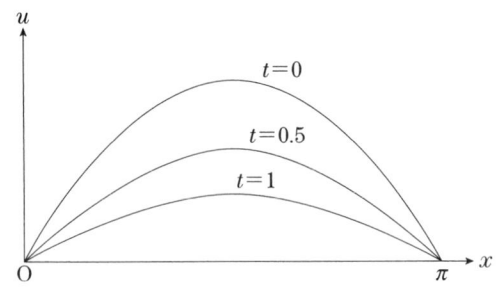

図 7.2 拡散方程式の解

フーリエ級数の方法の重要な点を 2 つ指摘しておこう．

1 つ目は，特解の重ね合わせとして無限級数の形で解を与えたことである．これは，それまでの関数概念をまったく変えた革新的なものであった．

2 つ目は，三角関数の直交性を用いて，無限級数の係数を定める式 (7.8) を与えたことである．その結果，解が無限級数として書き下され，具体的な解の挙動を知ることができる．

こうした理由により，フーリエの方法は現在でも応用上よく用いられている．

§3 調和方程式の解

フーリエ級数の方法を，第 6 章で紹介した調和方程式

$$\Delta u = \left(\frac{\partial^2}{\partial x^2} + \frac{\partial^2}{\partial y^2} \right) u = 0 \tag{7.10}$$

に適用してみよう．この方程式は空間変数 x, y のみを含んでいるので，方程式を解く際には境界条件だけが必要となる．

図 7.3 のような円形領域 D の周 Γ 上で温度分布 $u(x, y)$ を与えたとき，領域内の温度がどうなるかという問題を考える．このように周上の値から内部

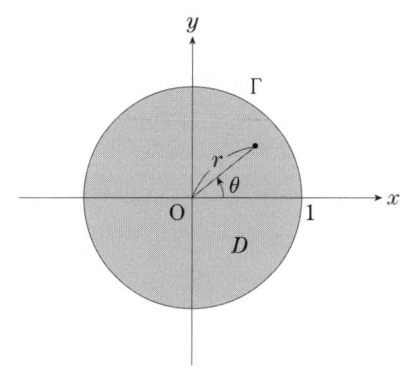

図 7.3 円形領域

の値と決定する問題を**内部境界値問題**という．例では簡単な領域をとるが，もっと一般的な領域の場合でも考え方は同じである．

さて，円形領域を扱うときには直角直線座標 x, y の代わりに極座標 r, θ を用いると便利である．変数 r は円の中心からの距離，θ は適当な基準線（x 軸）から反時計まわりに計った角度であり，(x, y) と (r, θ) の間には

$$x = r\cos\theta,$$
$$y = r\sin\theta$$

の関係がある．設定した問題では，$u(r, \theta)$ に対して $r = 1$ における境界条件として

$$u(1, \theta) = f(\theta)$$

を与えることになる．関数 $f(\theta)$ が Γ 上の温度分布である．

極座標を用いる際には，もちろん方程式の変数もとりかえなければならない．式 (7.10) で x, y に関する微分を r, θ に関する微分に置き換える．たとえば，関数 $g(x, y)$ を $g(r, \theta)$ と書き直したとき，直角直線座標と極座標の関係式を用いると，

$$\frac{\partial g(r, \theta)}{\partial r} = \frac{\partial g(x, y)}{\partial x}\cos\theta + \frac{\partial g(x, y)}{\partial y}\sin\theta,$$
$$\frac{\partial g(r, \theta)}{\partial \theta} = \frac{\partial g(x, y)}{\partial x}r\sin\theta + \frac{\partial g(x, y)}{\partial y}r\cos\theta$$

♪ 3　調和方程式の解

となる．こうした変換を用いると，式 (7.10) は

$$\frac{\partial^2 u}{\partial r^2} + \frac{1}{r}\frac{\partial u}{\partial r} + \frac{1}{r^2}\frac{\partial^2 u}{\partial \theta^2} = 0 \tag{7.11}$$

となることがわかる．極座標に変換したので，係数に $\dfrac{1}{r}$ や $\dfrac{1}{r^2}$ の変数が付いていることに注意する．しかし，フーリエの方法は同じように適用できるのである．すなわち，

$$u(r,\theta) = (r\,\text{だけの関数}) \times (\theta\,\text{だけの関数})$$

と変数分離をし，拡散方程式と同様の手続きを行えばよい．結果だけを示しておこう．式 (7.11) の解は

$$u(r,\theta) = \frac{1}{2\pi}\int_{-\pi}^{\pi} d\varphi f(\varphi)\frac{1-r^2}{1-2r\cos(\theta-\varphi)+r^2} \tag{7.12}$$

で与えられる．関数 f は境界条件で指定されているから，式 (7.12) に代入し，積分を実行して解を求めればよい．その結果，内部の温度分布が決定することになる．なお表式 (7.12) を**ポアソンの積分公式**という．

章の最後に，調和方程式の性質について一言触れておこう．調和方程式には，次の**最大値原理**という重要な定理が存在する．

境界を含む有界領域での連続な解は，その最大値・最小値をつねに境界上でとる．最大値・最小値が内部にあるのは u が定数のときに限る．

例で挙げた円形領域では $r=1$ の境界上で最大値・最小値をとるというわけである．

この定理は，第 6 章で示した差分の式を考えると，その理由は明白なものとなる．調和方程式に相当する差分の式 (6.11) は，ある点の値が周りの 4 つの点の相加平均であるというものであった．周りの点の平均であるから，真中の点が最大・最小になるはずがない．そのため，こうした調和方程式では境界問題が大切になるのである．

本章では，フーリエ級数を用いて偏微分方程式を解く方法について説明してきた．まとめておくと，まず変数分離をして常微分方程式から特解を求める．次に特解の無限和，すなわち，フーリエ級数で解を表す．あとは三角関数の直交性を用いて，級数に含まれる係数を決定する．こうした首尾一貫した方法で解が得られるのである．

8 波動方程式

♪ 破矢ジンタ『夏祭り』

𝄞1 波動方程式の出どころ

前 2 章で拡散方程式と調和方程式について，その出どころ，フーリエ級数の方法を用いた解法を紹介した．本章ではもう 1 つの重要な偏微分方程式である波動方程式について説明していくことにする．

まず，波動方程式の基礎となる差分方程式を考えてみよう．

2 変数の差分方程式で，自明でないもっとも簡単なものは

$$u(x, t + \Delta t) = u(x - \Delta x, t) \tag{8.1}$$

である．この式の意味はやはり図式的に捉えるとよい．これまでと同様，図 8.1 のように x, t 平面内の格子を考える．空間変数 x の格子間隔は Δx，時間変数 t の格子間隔は Δt である．式 (8.1) は，格子上で時刻 t に点 $x - \Delta x$ にいたものが時間 Δt の後に，右隣りの点 x に移ることを意味している（図 8.1 の白丸の動き）．すなわち，ある点の情報が，（進んだ距離）÷（かかった時間）$= \Delta x / \Delta t$ の速さで右向きに伝わるというわけである．これは波の伝播である．

これまでと同様に式 (8.1) の両辺をテイラー展開し，$\Delta x, \Delta t \to 0$ の極限をとって偏微分方程式を導こう．左辺を (x, t) 周りに展開すると，

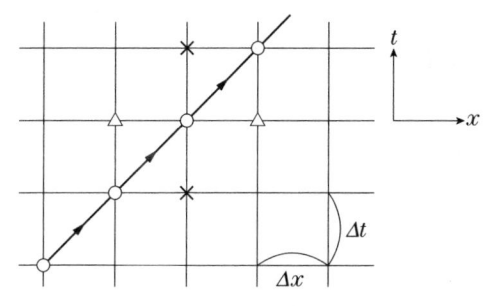

図 8.1 波の伝播

$$u(x, t + \Delta t) = u(x, t) + \frac{\partial u(x,t)}{\partial t}\Delta t + O((\Delta t)^2)$$

となる．右辺をやはり (x, t) 周りに展開すると，

$$u(x - \Delta x, t) = u(x, t) - \frac{\partial u(x,t)}{\partial x}\Delta x + O((\Delta x)^2)$$

となる．これらを式 (8.1) に代入すると

$$\Delta t \frac{\partial u(x,t)}{\partial t} = -\Delta x \frac{\partial u(x,t)}{\partial x} + O((\Delta t)^2, (\Delta x)^2)$$

が得られ，

$$c = \frac{\Delta x}{\Delta t} \text{ (0 でない一定値)}$$

として，$\Delta x, \Delta t \to 0$ の極限をとると，

$$\frac{\partial u}{\partial t} + c\frac{\partial u}{\partial x} = 0 \tag{8.2}$$

に移行する．これは 1 階の偏微分方程式であり，c は速さを与える定数である．この方程式も波動方程式と呼ぶことがある．

式 (8.2) の解は

$$u(x, t) = f(x - ct)$$

と書くことができる．ただし，関数 $f(x)$ は時刻 $t = 0$ の u，すなわち初期値である．確かに解であることは，f を x で微分して f'，t で微分して $-cf'$ となることから直接代入して証明することができる．もちろんこの解は c の速さで右に伝わる波を表している．

🎼 2 左右に伝わる波

解 (8.2) は右向きの波しか表していない.左右両方向に伝わる波を扱うにはどうすればよいか.そのためには,

$$u(x, t+\Delta t) + u(x, t-\Delta t) = u(x+\Delta x, t) + u(x-\Delta x, t) \tag{8.3}$$

の差分方程式を考えればよい.この式の各項を図 8.1 上で示すと,左辺の項が 2 つの×印,右辺の項が 2 つの△印となる.きわめて対称性のよい式であるといえる.この式の左辺の第 1 項と右辺の第 2 項,左辺の第 2 項と右辺の第 1 項を組み合わせると,右向きに伝わる波を表し,左辺の第 1 項と右辺の第 1 項,左辺の第 2 項と右辺の第 2 項を組み合わせると,左向きに伝わる波を表すことがわかる.したがって,この差分方程式は左右に速さ $\Delta x/\Delta t$ で伝わる波を解として持つ系であることになる.

式 (8.1) と同様,式 (8.3) の各項をテイラー展開して偏微分方程式を導こう.展開した結果を代入すると,方程式の対称性から $\Delta x, \Delta t$ の 1 次の項は打ち消し合うことがわかる.したがって,$\Delta x, \Delta t \to 0$ の極限は

$$\frac{\partial^2 u}{\partial t^2} = c^2 \frac{\partial^2 u}{\partial x^2} \tag{8.4}$$

となる.再び $c = \Delta x/\Delta t$ は波の速さである.この式は第 6 章で紹介した波動方程式 (6.3) に他ならない.差分方程式 (8.3) は左右に伝わる波を解に持っていたから,当然 (8.4) も同様の解を持つ.右向きに伝わる波を $f(x-ct)$,左向きに伝わる波を新たに $g(x+ct)$ と書くと,式 (8.4) の一般解はその和として,

$$u(x,t) = f(x-ct) + g(x+ct) \tag{8.5}$$

と表される.この解を**ダランベールの解**という.

以上の結果を図で描いたのが図 8.2 である,時刻 $t=0$ にある関数の一部が $x-ct=0$ の直線に沿って右向きに動き,残りが $x+ct=0$ の直線に沿って左向きに動く.これらの直線は**特性曲線**と呼ばれる.波が乗っている線であり,もっと一般的な波動方程式においても,この特性曲線が重要な概念になることを注意しておこう.

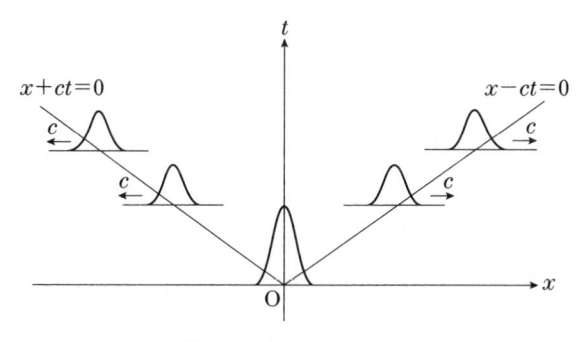

図 8.2　波動方程式の解

§3　分散性

　差分方程式から波動方程式を導く際，Δx や Δt の高次の項を無視した．その結果，形を変えずに一定の速さで伝わる波という解が得られた．しかし，現実の世の中ではもっと複雑な現象が起こる．その1つが分散である．英語では dispersion という．この性質は，差分方程式から微分方程式に移る際に無視した高次の項からでてくる．

　以下分散性がどういうものか，第6章で紹介したバネ質点系をもとにして調べることにしよう．

　バネ質点系では振動状態が伝わるので，波動が生じる．それがどのようなものであるかを考察するのである．

　まず，第6章の図 6.1 に記入した記号を用いて，n 番目の質点の変位 $u_n(t)$ に対する運動方程式を書き下す．その結果は，

$$m\frac{d^2 u_n(t)}{dt^2} = k\{u_{n-1}(t) - 2u_n(t) + u_{n+1}(t)\} \tag{8.6}$$

である．格子定数 a を使うと，$u_n(t)$ は

$$u_n(t) = u(na, t) = u(x, t)$$

と書き換えることができる．すなわち，バネ質点系で $n=0$ の点を基準の位置として，n 番目の質点の位置をそこからの距離 na で表し，さらにその距

離を連続変数 x で書くことにするわけである．このとき，左右両隣りの質点の変位は，$a = \Delta x$ として，

$$u_{n\pm 1}(t) = u(na \pm a, t) = u(x \pm \Delta x, t)$$

と表すことができる．以上の書き換えを式 (8.6) に代入すると，

$$m\frac{d^2 u(x,t)}{dt^2} = k\{u(x - \Delta x, t) - 2u(x, t) + u(x + \Delta x, t)\}$$

が得られる．上式の右辺に含まれる $u(x \pm \Delta x, t)$ をこれまで同様，(x, t) 周りでテイラー展開すると，

$$u(x \pm \Delta x, t) = u(x, t) \pm \frac{\partial u}{\partial x}\Delta x + \frac{1}{2}\frac{\partial^2 u}{\partial x^2}(\Delta x)^2 \pm \frac{1}{6}\frac{\partial^3 u}{\partial x^3}(\Delta x)^3$$
$$+ \frac{1}{24}\frac{\partial^4 u}{\partial x^4}(\Delta x)^4 + O((\Delta x)^5)$$

となる．この結果を上式に代入して $O((\Delta x)^4)$ の項を無視すると，波動方程式 (8.4) が得られる．すなわち，高次の項を考えないと，基本的な波動方程式になるのである．なお，この場合速さ c は物理的な量で表され，

$$c = a\sqrt{\frac{k}{m}}$$

であることを注意しよう．

さて，テイラー展開したときの $O((\Delta x)^4)$ の項を残してみよう．さらに高次の項は無視するが，最初の近似の次に小さい量はとり入れようというわけである．すると，差分式から

$$\frac{\partial^2 u}{\partial t^2} = c^2 \left(\frac{\partial^2 u}{\partial x^2} + \frac{1}{12}a^2 \frac{\partial^4 u}{\partial x^4} \right) \tag{8.7}$$

の偏微分方程式が得られる．高次の項を残した結果，4 階微分の項を含んでいるのである．この項の意味を考えるために，式 (8.7) の特解として，

$$u = Ae^{i(kx - \omega t)}, \quad A : 定数$$

をとってみる．式 (8.7) は線型方程式なので，この形の解を持つことは保証されている．オイラーの公式

$$e^{i\theta} = \cos\theta + i\sin\theta$$

を思い起こすと，この u は $A\sin(kx - \omega t)$ や $A\cos(kx - \omega t)$ と同様のものであることがわかる．たとえば，正弦波 $\sin(kx - \omega t)$ を考えると，k は波の波数，ω は振動数である．もしくは波長が $2\pi/k$，周波数が $2\pi/\omega$ の波といってよい．なお $kx - \omega t$ を**波の位相**，ω/k を**位相速度**という．

上記の特解を式 (8.7) に代入すると，

$$(i\omega)^2 = c^2\left\{(ik)^2 + \frac{1}{12}a^2(ik)^4\right\}$$

となり，ω と k の関係を表す式

$$\omega^2 = c^2k^2\left(1 - \frac{1}{12}a^2k^2\right) \tag{8.8}$$

が得られる．この式を**分散関係式**という．分散関係式から

$$\frac{\omega}{k} = \pm c\sqrt{1 - \frac{1}{12}a^2k^2}$$

を得る．この式は，波の位相速度が k によっていることを示している．すなわち，根号内の第 2 項を無視すると，位相速度は一定の値 $\pm c$ になるが，高次の項をとり入れた結果として，k が小さい（波長が長い）とき波は速く進み，k が大きい（波長が短い）とき，波は遅く進むことになる．波の波長によって速さが変わる．これが分散性の効果である．たとえば，プリズムに太陽の光（白色光）を通すと 7 色になるが，これは色つまり波長によって速さが異なるからであり，分散効果の典型例である．

バネ質点系を例にとって考察を加えたが，もっと現実的な弾性体や，音，光の場合も原理は同じであり，波動ではつねに分散関係式が重要となる．また，高次の項をとり入れて偏微分方程式 (8.7) を得たが，もともとのバネ質点系にはつねに分散性が含まれていることを注意しておきたい．現実の世の中で，分散効果は一般には無視できないものなのである．

4 太鼓の振動

章の結びとして,フーリエの方法を用いて波動方程式を解くという問題を考えよう.対象とするのは空間 2 次元の波動である.バネ質点系のモデルでは,たとえばバネを格子状に連ねたような場合を想定すればよい.そうしたときの波動方程式は,

$$\frac{\partial^2 u}{\partial t^2} = c^2 \left(\frac{\partial^2 u}{\partial x^2} + \frac{\partial^2 u}{\partial y^2} \right) \tag{8.9}$$

で与えられる.この式はバネ質点系だけでなく,膜の振動などを表すのにも用いられる.

ここでは,具休的に丸い太鼓をたたいたとき,どのような振動が生じるかを考えてみよう.出発点とする方程式は式 (8.9) である.丸い太鼓を考えるので,第 7 章の調和方程式の場合と同様,極座標を用いて方程式を書き換えることにする.すなわち,

$$\frac{\partial^2 u}{\partial t^2} = c^2 \left(\frac{\partial^2 u}{\partial r^2} + \frac{1}{r}\frac{\partial u}{\partial r} + \frac{1}{r^2}\frac{\partial^2 u}{\partial \theta^2} \right) \tag{8.10}$$

を取り扱う.変数 $u(r, \theta, t)$ が太鼓の変位である.ここでは簡単のために,角度 θ によらない振動のみを考える.したがって,$u = u(r, t)$ とする.また,時刻 $t = 0$ で太鼓は振動していないとする.以上の仮定のもとでは,次の初期値・境界値問題を設定すればよい.太鼓の半径を 1 として,方程式は

$$\frac{\partial^2 u}{\partial t^2} = c^2 \left(\frac{\partial^2 u}{\partial r^2} + \frac{1}{r}\frac{\partial u}{\partial r} \right), \ 0 < r < 1, \ 0 < t, \tag{8.11}$$

境界条件は

$$u(1, t) = 0,$$
$$u(0, t) \text{ は有界},$$

初期条件は

$$u(r,0) = f(r),$$
$$\frac{\partial u}{\partial t}(r,0) = 0$$

と表される．

　境界条件の最初の式は，太鼓の縁は固定されていることを意味する．また，2番目の式は太鼓が破れないための条件である．一方，初期条件の最初の式の $f(r)$ は太鼓の初期変位であり，2番目の式は，最初太鼓は振動していないことを表している．

　初期値・境界値問題を解くフーリエ級数の方法の最初のステップは変数分離である．いま，

$$u(r,t) = P(r)Q(t)$$

を式 (8.11) に代入し，整理すると，

$$Q'' + c^2 k^2 Q = 0,$$
$$P'' + \frac{1}{r}P' + k^2 P = 0$$

を得る．ここで k は変数分離ででてくる定数である．2つの常微分方程式のうち Q に対するものは三角関数で解が表せる．すなわち，

$$Q(t) = c_1 \cos ckt + c_2 \sin ckt$$

と書くことができる．しかし，初期条件の2番目の式から，上式の第1項だけを残せばよい．第2の P に対する方程式は変数係数であり，Q のような簡単な解を持たない．実は，この方程式は**ベッセル微分方程式**と呼ばれるもので，その解の性質は詳しく調べられている．2つの基本解のうち，原点 ($r=0$) で発散しない解として $J_0(kr)$ という関数が存在することが知られている．この関数を **0次のベッセル関数**という．したがって，

$$P(r) = J_0(kr)$$

が第2の方程式の解となる．図 8.3 にベッセル関数のグラフの一部を描いた．この関数は特殊関数と呼ばれるものの1つで，大ざっぱに言って三角関数の親戚であるといってよい．

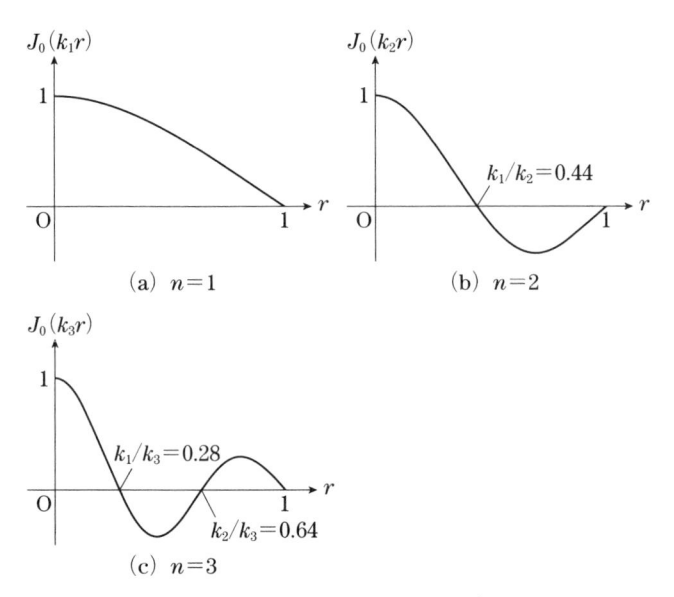

図 **8.3** ベッセル関数とその零点

ところで，境界条件の第1のもの，縁で太鼓が固定されているという条件から，$P(r=1)=0$ とならなければならず，$J_0(k)=0$ を満たす必要がある．すなわち，変数分離で用いた定数 k はベッセル関数の零点である．その値は小さいものから順に，$k_1=2.41$, $k_2=5.52$, $k_3=8.65,\cdots$ であることが知られている．図 8.3 に $J(k_n r)$, $n=1,2,3$ のグラフを示した．すべて，$r=1$ で $J_0=0$ となっていることに注意する．

さて，得られた特解の和が初期値・境界値問題の解である．いまの場合，これまでの考察から，その解は

$$u(r,t) = \sum_{n=1}^{\infty} a_n \cos(ck_n t) J_0(k_n r) \tag{8.12}$$

と表される．三角関数とベッセル関数の積の無限和で書かれているので，この表現を**フーリエ–ベッセル展開**という．

式 (8.12) の無限和の各項に1つの振動状態が対応する．まず，$n=1$ の場合が図 8.3(a) であり，縁のみが0となるもっとも簡単な振動である．$n=2$ の場

合は $r = 0.44$ で 1 つの節を持つ振動（図 8.3(b)），$n = 3$ の場合は $r = 0.28$ と 0.64 の 2 カ所で節を持つ振動（図 8.3(c)）に対応している．このように，フーリエ級数の方法を用いて波動方程式を解き，太鼓の振動の様子を詳しく調べることができる．フーリエが編み出した方法はやはり強力なものなのである．

9 非線型現象

♪ モーツァルト『ピアノ協奏曲23番イ長調』

♪1 非線型現象を捉える

　第6章から第8章までで紹介した代表的な偏微分方程式は，すべて従属変数が1次の項しか含まない線型方程式であった．1次以外の項を含む非線型方程式はどう取り扱えばよいであろうか．たとえば，図9.1を見てみよう．これは葛飾北斎の有名な版画の1つである「神奈川沖浪裏」である．この版画にはたくさんの波が描かれている．振幅が小さな波ならば，第8章で考察した波動方程式で性質を捉えることができる．しかし，版画にあるような前方の大きな波，後方のまさに砕けようとする波は線型方程式で扱うことができない．非線型の方程式を考えなければならないのである．

　非線型方程式では，線型方程式のような解の重ね合わせが成り立たない．そのため，解を得るのはきわめて困難であり，長い間あまり解析がなされてこなかった．現象解明が大きく進歩したのは20世紀後半になってからである．コンピュータは人力をはるかに越える計算をすることができ，そのおかげで非線型方程式の解析が大きく進んだ．北斎の観察を科学的に理解するためにはコンピュータが必要だったのである．

　1950年代以降，コンピュータの計算の中で，カオス，フラクタル，ソリトンという非線型現象に特徴的な新しい数理概念が登場した．本章ではこれら

図 9.1 葛飾北斎「富嶽三十六景 神奈川沖浪裏」（東京国立博物館所蔵）
Image：TNM Image Archives

の数理概念がどのようなものであるかをざっと見ていくことにしよう．

§2 ロジスティック方程式

まず，常微分方程式

$$\frac{du}{dt} = \alpha(1-\beta u)u \tag{9.1}$$

を考えよう．この式は**ロジスティック方程式**と呼ばれる．定数 β を 0 とすると，第 3, 6 章で扱ったマルサスのモデルである．しかし，$\beta \neq 0$ のときは u の 2 次の項があるので非線型となる．定数 $\alpha > 0$ はマルサスの式同様生物の増殖率である．また，β は生物の個体数が増えると増殖率が低下する効果を表し，**混雑定数**という．

方程式 (9.1) は非線型であるが，変数分離をして解くことができる．すなわち，

$$\frac{1}{(1-\beta u)u} du = \alpha dt$$

と書き換えて,両辺を積分すればよい.初期値を $u(0) = u_0$ とすると,結果は

$$u(t) = \frac{u_0}{\beta u_0 + (1 - \beta u_0)e^{-\alpha t}} \tag{9.2}$$

となる.この解のグラフを描いたのが図 9.2 である.この解は,初期値が $1/\beta$ より大きいと単調に減少し,$1/\beta$ より小さいと単調に増加して,ともに $1/\beta$ に近づいている.解をわける $1/\beta$ を**閾値**という.解の振る舞いが初期値によって異なるのが非線型方程式の特徴であり,一般的に解を求めるのが難しい理由である.なお,$u_0 < 1/\beta$ のときのグラフを **S 字状曲線**という.この曲線は,たとえば新製品を販売したときの売り上げ高の時間変化によく合うことが知られている.比較的簡単な式であるけれども,応用上役立つものなのである.

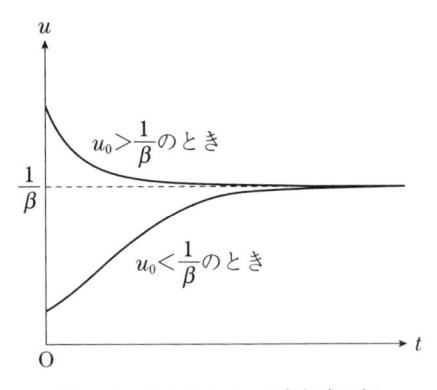

図 **9.2** ロジスティック方程式の解

さて,ロジスティック方程式に対応する差分方程式を考えてみよう.素直に差分化すると,

$$u(t + \Delta t) - u(t) = \alpha \Delta t (1 - \beta u(t)) u(t) \tag{9.3}$$

となる.上式で $\Delta t \to 0$ とするとロジスティック方程式になるのは容易に確認できる.この差分式で $u(0) = u_0$ を与えると,$u(\Delta t), u(2\Delta t), \cdots$ が次々と計算できる.しかし,一般の n に対して $u(n\Delta t)$ を書き下すことはできない.そこで図式的に解を捉えることにする.

98   9 非線型現象

そのために，$u(n\Delta t)$ のかわりに

$$x_n = \frac{\alpha\beta\Delta t}{1+\alpha\Delta t}u(n\Delta t) \tag{9.4}$$

で定義される変数 x_n を導入する．また，

$$a = 1 + \alpha\Delta t$$

とする．すると，

$$x_{n+1} = f_a(x_n) = a(1-x_n)x_n \tag{9.5}$$

が得られる．これは x_n を x_{n+1} に写す写像であり，**ロジスティック写像**という．図式的に式 (9.5) の解を見てみよう．初期値 x_0 を与えて，$x_1, x_2, \cdots$ を求めるのである．その際，$a<4$ ならば，$0<x_n<1$ のとき，$0<x_{n+1}<1$ となることに注意する．

まず $1<a<2$ の場合の結果を示したのが図 9.3 である．図 9.3(a) において，初期値 x_0 から出発して，2次曲線 $y = 1.5(1-x)x$ との交点を求め，その点の y の値を直線 $y=x$ に移し x 軸に下せば x_1 が定まる．以下同様に，$x_2, x_3, \cdots$ を決めるというわけである．図 9.3(b) は，n とともに x_n がどう変化するかを示している．この場合，$x_0 = 0.4$ であり，単調減少して 0.33 に近づいている．初期値を変えると，$0<x_0<1-\dfrac{1}{a}$ のときは単調増加して

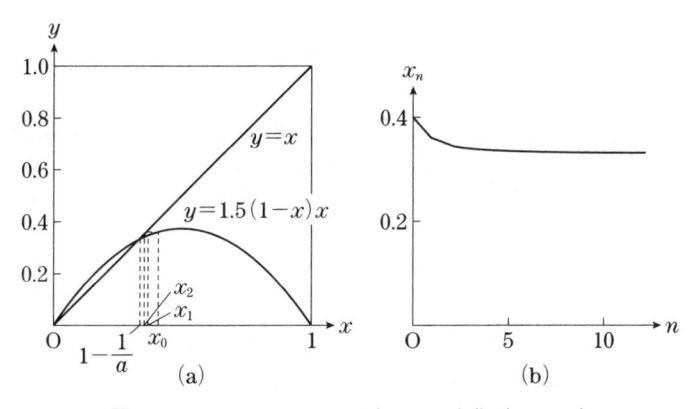

図 **9.3** $y=f_a(x)$ のグラフと x_n の変化 ($a=1.5$)

$1-\dfrac{1}{a}$ に近づき，$1-\dfrac{1}{a} < x_0 < \dfrac{1}{2}$ のときは単調減少して $1-\dfrac{1}{a}$ に近づくことがわかる．この挙動はロジスティック方程式の解の振る舞いとほとんど変わりがない．

3 カオス

こうした計算を行ったのはイギリスの生態学者メイである．1973年のことである．メイの仕事の大切な点は，さらに a が大きな値の場合を計算したことにある．なぜそうした場合を計算したか．ひょっとすれば，コンピュータの入力ミスであったかもしれない．

図9.4は，$2 < a < 3$ の場合の結果である．この場合は，もとの差分方程式で差分間隔を大きくとったときに相当している．解は振動しながら $1-\dfrac{1}{a}$ に近づいている．このような振動は微分方程式ではけっして現れない．

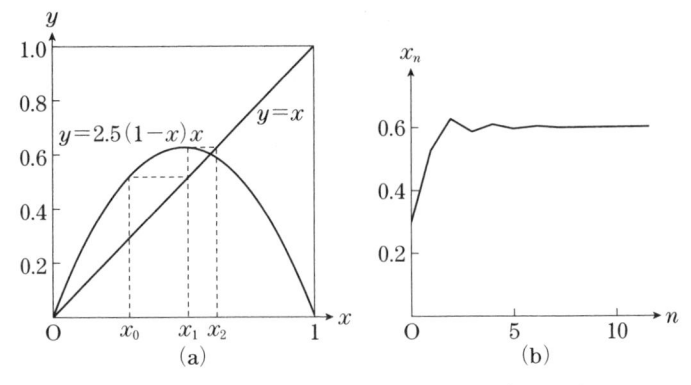

図 9.4 $y = f_a(x)$ のグラフと x_n の変化 ($a = 2.5$)

図9.5は，$3 < a < 1+\sqrt{6}$ の場合の結果である．差分間隔をさらに大きくしたときである．この場合，2つの点を行き来する周期2の振動状態が生じる．

さらに a を増すと，周期 $2^2, 2^3, \cdots$ の解が次々と現れる．そして a が臨界値 $a_c = 3.57\cdots$ を越えると，解の様相は大きく変わる．

図9.6は，$a = 4.0$ の場合の x_n の変化を示している．この解は $x_0 = 0.3$

図 **9.5** $y = f_a(x)$ のグラフと x_n の変化 $(a = 3.3)$

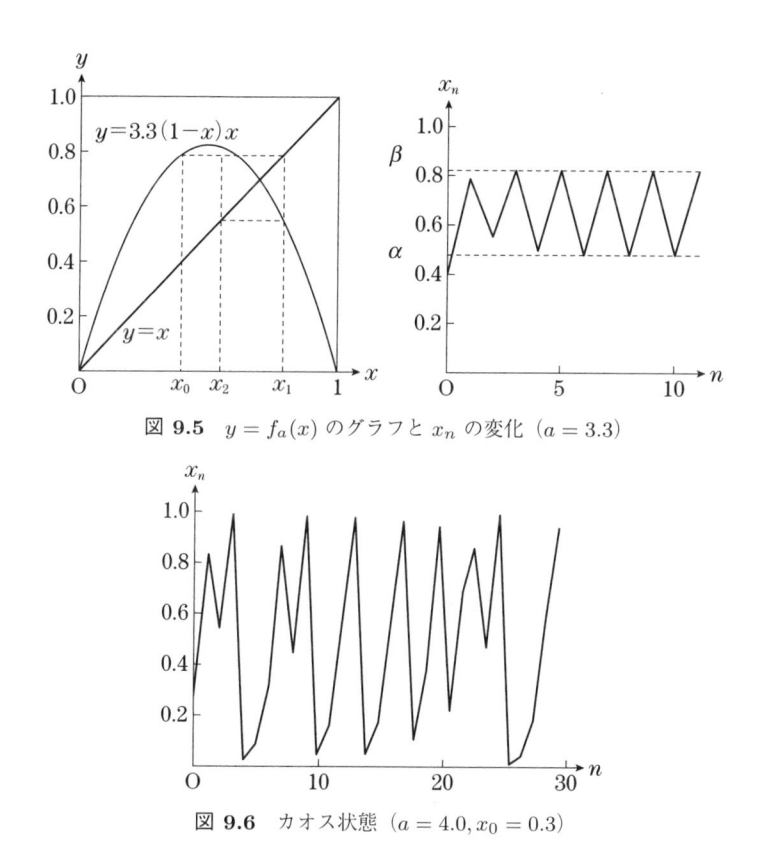

図 **9.6** カオス状態 $(a = 4.0, x_0 = 0.3)$

のときの解である．初期値 x_0 を少しでも変えると解の様子が大きく変化し，また初期値によってどんな周期の解もでてくる．このような解の振る舞いを**カオス**という．こうした解はロジスティック方程式では捉えられない．差分方程式で初めて現れるものである．カオス (chaos) とは宇宙 (cosmos) と対置する言葉である．宇宙は秩序と調和がとれた状態であるのに対し，カオスは天地創造の混沌とした状態というわけである．

初期値を少しでも変えると解の様相が大きく変わる．これは方程式を用いて現象を解析する場合に深刻な影響を与える．たとえば，気象予報を考えてみよう．気象予報では，コンピュータを用いて大気の流れを支配する微分方程式を解くという方法もとられている．以前はコンピュータが大型になれば

なるほど予報は正確になると考えられていた．しかし，上で述べたように解が初期値にきわめて敏感であるならば，予報は困難である．現在でも意見の分かれるところであるが，カオスの発見が与えたインパクトは大きい．

カオスの概念は気象予報だけでなく，物理学，生物学，経済学，工学などさまざまな分野にも大きな影響を与え，活発な研究が行われている．なお，図 9.1 の版画にあるまさに砕けようとしている波はカオス的な構造を持っているといえるものである．

この波を詳しく見てみると，波のある部分がそれより大きな部分の縮小版になっている自己相似性を持っていることがわかる．同様の構造は自然界に幅広く存在する．1982 年にアメリカのマンデルブロはそうした集合の普遍性に着目，**フラクタル**と命名し，コンピュータ上でさまざまなフラクタル図形を提示した．その後，フラクタルはカオスと同様，新しい数理概念としてさまざまな分野で用いられている．数学的には，連続だがいたるところ微分不可能な関数と関わりのあることがわかり，フラクタルの数学研究も活発に行われるようになった．

4 ソリトン

さて，北斎版画の手前にある大きな波は，コンピュータによって見出されたもう 1 つの新しい数理概念ソリトンを表している．ソリトンとは何かを概観するのが本節のテーマである．

まず，偏微分方程式

$$\frac{\partial u}{\partial t} + c\frac{\partial u}{\partial x} + 6u\frac{\partial u}{\partial x} + \frac{\partial^3 u}{\partial x^3} = 0 \tag{9.6}$$

を考えよう．左辺の第 1 項と第 2 項は，第 8 章で見たように波動を表している．第 4 項は，やはり第 8 章で見たように分散性を表す項である．つまり，波長によって速さが異なる効果を示すものである．ところで，第 3 項は u について 2 次の項であり，非線型効果を与える．

方程式 (9.6) は**コルトヴェーグ–ドフリース方程式**もしくは簡単に KdV 方

程式と呼ばれる.

分散効果や非線型効果が, 具体的な波に対してどういう影響を及ぼすかを見てみよう. まず分散効果を取り扱う. 図 9.7 の左側のような波があったとする. 第 8 章で示したように, 波長の長いほうが速度は大きい. したがって, 時間がたつと右側の波のようになる. すなわち, 分散効果によって, 波は後ろのめりになるのである.

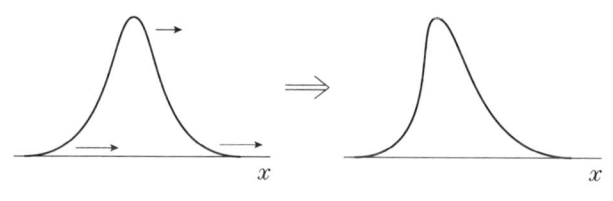

図 **9.7** 分散効果

次は非線型効果である. 方程式 (9.6) のうち第 1 項と第 3 項だけ取り出すと

$$\frac{\partial u}{\partial t} + 6u\frac{\partial u}{\partial x} = 0$$

となる. 線型 1 階の波動方程式と比べると, この式は速さが $6u$ の波を表しているといってよい. したがって, 正の振幅の場合, 振幅の大きい方が速く進む. そのため, 図 9.8 のように最初左側のように対称な波は時間がたつと右側のようになる. つまり, 非線型効果によって波は前のめりになる. なお, もっと時間がたつと北斎版画の後ろの波のように砕けてしまうのである.

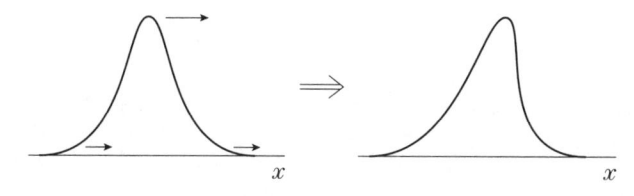

図 **9.8** 非線型効果

ところで, 分散効果で後ろのめりになり, 非線型効果で前のめりになるとすると, 両者がうまく釣り合って, 対称的な波がそのまま伝わることが可能になる. そうした波が**ソリトン**である. ソリトンの解析的な形は, KdV 方程式において一定の速さで伝わる波を仮定して得ることができる. 定数 c が 0

の場合の解が

$$u = \frac{v}{2\cosh^2 \frac{\sqrt{v}}{2}(x-vt)} \tag{9.7}$$

である．この式で cosh は $\cosh x = (e^x + e^{-x})/2$ で定義される双曲線関数である．また，v は波の速さであり，波の振幅は $v/2$，波数は $\sqrt{v}/2$ となる．速さ，振幅，波数すべてがただ 1 つのパラメータで定まっているのがこの波，ソリトンの特徴である．具体的な形は図 9.7 や図 9.8 の左側の波を思い浮かべればよい．

ソリトンは衝突しても形を変えないという著しい性質を持っている．一般に，非線型な系では相互作用は複雑であると考えられる．しかし，ソリトンはきわめて安定で，影響は位相のずれだけである．ソリトンは 1965 年にザブスキーとクラスカルがコンピュータ上の実験で発見したものであるが，孤立波（<u>ソリ</u>タリーウェーブ）が粒子のように振る舞うのでエレクトロンやフォトンと同様に「-on」を付けて，ソリトンと名付けたのである．

ここで紹介した KdV 方程式は浅い水の波を表す方程式である．ソリトン発見後，他の物理的に重要な系でも同じような波が存在することが明らかになった．物理的に意味があるだけでなく，数学に与えた影響も大きい．ソリトンを解として持つ方程式は，非線型であるにもかかわらず，解を具体的に書き下すことができる．その性質を利用して数学的な構造が詳しく調べられている．

ソリトンの具体例をいくつか見ておこう．たとえば津波はソリトンで記述されることがわかっている．また，非線型な波なので振幅が大きく，大容量の通信に使えることが指摘されている．この場合は光の波であるのでとくに**光ソリトン**という．バネ質点系でバネを非線型にしたものの 1 つが戸田格子である．この格子中を伝わる安定な波を**格子ソリトン**という．さらに結晶中の波の伝搬を表すサイン・ゴルドン方程式ではソリトンと同様ねじれが安定に伝わり，ねじれを表す解をとくに**キンク**と呼んでいる．

最後にソリトンを典型的に捉えている写真を紹介しておこう．図 9.9 はアメリカ，オレゴン州の海岸近くで観察されたもので，2 つのソリトンが衝突

図 9.9 2つの波の相互作用（T. Toedfemeier 氏の好意による）

している様子を表している．大切な点は，交点が×印でなく腕が出ていることである．この腕は位相のずれを示している．線型の波ならば，衝突してもお互いを認識せず，交点が×印になる．しかし，非線型の波なので相手から影響を受けて位相がずれるのである．このことは，社会現象や生命現象のように他との関わりが必然的に存在する場合には，モデルの式に非線型効果をとり入れる必要があることを示唆している．

　非線型方程式を解くのは一般には難しい．しかし，コンピュータを援用し，これまで紹介したカオスやソリトンの理論を用いて，非線型現象の理解がもっとすすむことを期待したい．

10 社会と数学

♪ マーラー『シュトラスブルクの砦に』(「若き日の歌」より)

　本章の対談は，岡本和夫と桂利行が「社会と数学」をテーマにして社会，あるいはもっと広く生活と数学という視点から数学を眺めようと試みたものである．これまでは自然と数学の関わりを中心の話題としてきたので，対象がここから変わる．第5章と同様，対談をまとめるにあたって読み物としてわかりやすいように再構成している．

1 コンピュータの世紀

　岡本　第10章では「社会と数学」というテーマで，2人で社会と数学の関わりについて話を進めていきます．

　これまでは「自然と数学」をテーマにして，自然現象に現れる数学について紹介してきました．第5章の対談の冒頭に18世紀は「力学の世紀」，19世紀は「場の世紀」という話題がありました．それでは20世紀は何の世紀だろうか，そういう主題から始めていきたいと思います．いろんな見方があるでしょうが，20世紀を特徴づける一番大きなものは，何といっても電子計算機，コンピュータの発明とその普及です．生活に密着して，私達はコンピュータなしには生きていけない，というと言い過ぎかもしれないけれども，とにかくそういう生活をおくっています．

　コンピュータが私達の生活に直接関係する，20世紀に生まれた非常に大き

なものである，ということは間違いないですね．

桂 そうですね．コンピュータは20世紀の前半にフォン・ノイマンという数学者が，その原理を発明したことが第一歩ですが，20世紀の後半になるとコンピュータなしの生活はもう考えられない，そのくらい人間生活に大きな影響を与えました．

岡本 コンピュータで使われている数学を一口で言うと，どうなりますか．

桂 自然界を記述するために微分や積分が使われるということは，これまでいろいろな面から説明されました．コンピュータに使われている数学は「離散数学」と言い表すのが適当ではないかと思います．そういう数学では，実際に整数論的な考え方を利用してディスクリートな世界を2進法で表すということが行われています．

岡本 ディスクリートというのは「離散」という意味ですね．そうすると，代数的な数学であると思ってよろしい．

桂 そうです．代数学が主な数学の道具です．代数学もその起源をたどれば，とても古い歴史があります．

岡本 確かに．

桂 古代ギリシアからあります．ユークリッドもすでに扱っています．整数が離散数学で使われる1つの基本的道具です．

岡本 数は，離散ということだから，1，2，3，という整数が対象ですが，整数について私達が最初に学ぶべき数学は，ユークリッドの互除法です．つまり，2つの整数の最大公約数を求めること，その具体的な計算法，そういう計算です．もう1つ，中国人剰余定理があります．いまから約2000年位前の，中国で著された数学の本に出てくるので，中国人剰余と呼ばれています．ユークリッドの互除法は2300年程前，それ位古い時代からの数学が現在でも使われ続けていると理解してよいですね．

桂 もともと，現実の社会に応用しようとか，別段そんなことを意識していたわけではなくて，純粋に数学として考えられ，使われていた．それが，長い時間が経った後で，現実社会に実際に応用され，そして大きな力を発揮する．これは数学の特徴の大事な1つです．

岡本 それにしても2000年とはずいぶん息の長い話だと思います．「算術」

に比べれば「代数学」は新しい言葉ですね．これはアラビア起源のものです．

桂　9世紀にアルフアリズミという数学者がアラビアにいました．彼が書いた数学の本の中で「アル・ジェブル」，数学的に一言で内容を表せば「移項」ですが，この言葉を使った．これが英語でアルジェブラ，代数——algebra——，という言葉の語源です．この代数学がヨーロッパに伝わりますが，さらに発展していくのにはもう少し時間がかかります．

当時ヨーロッパでは宮廷で方程式を解いて答えを出すという競技，ある種の遊び，コンクール，そういう形式の競争が行われていました．その場では，いまの言葉で言えばたとえば2次方程式の解の公式とか，その種のものを見つけて，それを使って方程式を解く競争をする．

岡本　競い合っていたのですね．

桂　そのなかで16世紀に3次方程式や4次方程式が扱われるようになった．3次方程式の根の公式についてはカルダノの公式というものが発見された．もっとも，カルダノは人が作った公式を盗ったとも言われていますが．3次方程式の根の公式，さらにはフェラーリによる4次方程式の根の公式，実際にこれらの公式を使って方程式を解いて相手を参らせていた，そういう歴史があります．

2　代数学の歴史

岡本　アルジェブラの語源と関連して「移項」というお話がありました．1次方程式を解くとき，右辺にあるものを左辺に移すと符号が変わる．中学校で習うとおり，これが移項です．この考え方がヨーロッパに入り，右のものを左に移すと符号が変わるということをヒントにして発明が行われた．すなわち，イタリアで複式簿記が考え出されたということを本で読みました．確かに代数学も昔から人間の生活に結びついている．複式簿記の基本的な考え方はいまでも利用されている，この意味ではずいぶん長い間影響を与えていると思います．

3次方程式のお話が出てきましたけれども，16世紀以降になるとヨーロッ

パで代数学は独自の発展をします．算術と結びついて進歩していく．16世紀，17世紀というと，最初に思い出すのはフェルマーの最終定理です．フェルマーの予想が解かれたことは記憶に新しい．

桂 1990年代の前半，1994, 5年です．

岡本 もう20年経ちましたか！ あの当時は350年ぶりに解けたということでずいぶん話題になり，フェルマーに関係する本もたくさん出版されました．こういうことはインパクトがある．

桂 難しい問題が解けると新聞にのりますね．フェルマーの問題はご存じの方も多いでしょう．x, y, zと3つの変数を考えて，自然数nについて

$$x^n + y^n = z^n, \quad xyz \neq 0$$

という不定方程式を自然数の範囲で解きなさい．そういう問題ですが，自然数nが2, $n = 2$のときはピタゴラスの定理により，整数解はいくらでもあります．

たとえば，$3^2 + 4^2 = 5^2$, これは1辺の長さが3, 4, 5の直角三角形ですね．ところが自然数nが3以上のときには自然数解がまったく存在しない，というのがフェルマーが1600年代に予想したことです．それが，アンドリュー・ワイルズ，テイラーが少し助けましたが，その2人によって350年ぶりに解けた．これはまさに快挙でしたね．

岡本 フェルマーの予想はギリシア語で書かれたディオファントスの数論の本の欄外に書き込んであった．このディオファントスはギリシア系の人ですね．ヨーロッパで代数と算術が結びついて発展したということですが，この頃では代数学というと，非常に抽象度が高くてあまり世の中と関係ない美しい独自の世界を作っているという印象が普通は強いと思います．最初に話に出たコンピュータを考えると，実はそうではないということになるのだろうと期待しています．

歴史に沿ってもう少し話を進めたいのですが，16世紀頃までに2次方程式や3次方程式は解けた．一方，代数学は何といっても18世紀，19世紀に大進歩した，算術も含めて．

桂 フェルマーが生きていた 17 世紀頃は算数，整数を扱うことが主題でしたが，近代代数学と呼ぶべきものが出てきたのはだいたい 19 世紀前半です．先ほども触れましたが，2 次方程式，3 次方程式，4 次方程式については，係数と根号を使った加減乗除，四則演算と言いますが，これらを使って根の公式を書き下すことができる．このことは 16 世紀までにわかっていた．先ほどのカルダノの公式，フェラーリの公式が知られていた．では，5 次以上の方程式に対して似たような根の公式を作ることができるかというのがそれ以来の大問題でした．多くの人が作ろうと努力したのだけれども，なかなか公式が見つからなかった．

19 世紀の初頭，ノルウェーの数学者アーベルが，実は 5 次以上の方程式には根の公式を作ることは不可能である，つまり 5 次以上の方程式は代数的に解けないということを証明した．19 世紀始め，1820 年頃ですが，これに引き続いてガロアです．このフランス人数学者は，代数的に解けるか，解けないか，そういうことが「群」という近代代数学の新しい概念で説明できること，群論と根の公式が結びついていることを発見した．このとき彼は 20 歳でした．ずいぶん若かったですね．

「群」という対象がそれから取り上げられ，近代代数学の発展につながっていきます．現代では，ガロアが創った理論は「ガロア理論」と呼ばれていて，「群」という代数系と，「体」という代数系の間の関係として捉えられています．このように近代代数学が発展していくということです．

岡本 学生時代に，代数学は非常に抽象的で美しい，とくに「ガロア理論は綺麗な理論」だと思って一生懸命勉強しました．それが社会で使われている数学として，見えないところで実は非常に役に立っている，よく使われている．不思議だと思いますが，ガロアがそういう数学を考えていた時代には，よもやそういうことに発展するだろうとは思ってもいなかったでしょうね．

桂 純粋に数学の問題を解こうと思って一生懸命やった結果が，後々に社会に役に立つ数学になるという典型例の 1 つでもありますね．ガロアは「ガロア理論」の発見以外にも，有限体といいまして，有限個の要素からなる代数系を発見しています．第 12 章にも出てきますが，有限体はガロア体とも呼ばれています．これがデジタルの世界を記述する数学として現在使われて

いる．

　岡本　3次方程式でも5次方程式であっても，複素数の範囲ならば必ず根があるというのが代数学の基本定理です．一方，係数を使って式を具体的に書いて根の公式を作ることはできない，これがアーベルですね．ところで，必ず答えはあるという事実に対して，ではどういう道筋で答えに到達するか，答えを見つけるアルゴリズムがあるか，という問題を立ててみましょう．この点から考えると，現代につながる問題意識が当時からすでにあったと思ってよいですね．

　桂　ここが数学の深いところで，複素数の範囲で考えれば，どんな n 次の代数方程式を考えても必ず複素数の範囲に解を持っている．これは1799年にガウスが発見したことです．この定理を証明したときも彼は20歳前後，19歳だったかと思います．ガウスが若い頃証明した，基本的な事実です．

　それとともに，5次以上の方程式には根の公式がない，つまり根を係数とベキ根を用いた四則演算で記述することは不可能であるということを，アーベルやガロアが後に証明した．ガウスの発見したことは存在です．一方，ガロアやアーベルが明らかにしようとしたことは，具体的にどうなっているのかということです．その結果根号と四則演算だけでは書き下せないという事実を証明した．

𝄞3　デジタル

　岡本　ガロアの有限体の発見という仕事は，フォン・ノイマンの計算機に関係しています．コンピュータでは，状態は電流が流れているか流れていないか，スイッチが入っているのか切れているか，ということに帰着する．この2つの状態を，0と1で表現すれば，コンピュータはすべてが2進数で表される2進法の世界です．2進法というのを最初に考えたのは，ヨーロッパでは一応ライプニッツです．中国では易などに現れていて，この考え方についてはライプニッツも注目しています．この0と1の世界，つまりコンピュータの中の世界，デジタルの世界ということになるのでしょう．この世界が今

後ますます大きく花開く，使われるようになると思います．

　桂　2進法がコンピュータで使われているのは，電気がつくか消えるか，その2種類ですから，0と1でもって状況が記述できる．ライプニッツは，ニュートンと同時に微分積分を発見した人です．そのライプニッツがやはりそういう2進数の世界にも進出して，代数的な面でも大いに活躍している，これはなかなかすごいものがありますね．

　岡本　これは数学の広さということでしょう．少し古い話で，ある年齢以上の方ならばご存じだろうと思いますが，1970年代に惑星探査船ボイジャーが惑星の写真を撮って地球に送ってきたことがありました．テレビで見ていますと，送られてきた惑星の写真はぼやけていて，何の写真だかよくわからない．これをコンピュータで処理するとこうなります，との説明付きで次に綺麗な絵が出る．修正されて綺麗な絵をいま私達がいくらでも見ることができる．ここにも代数学が使われている．

　桂　最近はデジタルが全盛ですが，以前はアナログでした．レコードも通信も，波を利用していました．コンピュータの発達に従って，アナログよりもデジタルが扱いやすいとなる．その結果現在では，通信でもテレビでも，CDやCD-ROM，すべてにわたってデジタルが使われています．デジタルについては必ず誤り訂正が必要になります．コンパクトディスクに少しほこりが付いた，ちょっと傷が付いた，ということで音楽の質が変わったら，これではCDは聞けない．そこで，ちょっとした誤りを修正するために，「誤り訂正符号」というものを使っています．ここに使われている数学の原理は，2進数，0と1の世界に関係しています．そういうものを実際に使って，ボイジャーから撮った木星の写真をデジタル信号として地球に送る．通信の途中で宇宙線によって電波が乱されたとしても，多少の誤りならば訂正できる．ここに符号理論という数学が使われています．ボイジャーで利用された符号はゴーレイ・コードというものです．デジタル化が全盛期の現在社会においては，いたるところで誤り訂正符号，符号理論を使わないとまことに不便であるという状態にあると言えるでしょう．

　岡本　そうすると，ハッブル望遠鏡で写した遠い天体の写真をテレビのニュース番組で見る，CDで音楽を聴く，CD-ROMで辞書を引く，というの

は，みんな代数学を見たり，聞いたり，調べたりしているということになりますね．

桂 コンパクトディスクから数学のメロディーが流れている，なんてなかなかおしゃれですね．

岡本 かっこいいですね．CD を聴きながら数学がどんどんわかるとよいと思います．

数学と現代の社会の関係について，「デジタル」がキーワードですが，これについて質問があります．私達はインターネットを盛んに使い，電子的に銀行とのやり取りをし，買い物をする．この生活の中には暗号理論という深い数学が使われていますね．暗号理論についてお話をお願いします．セキュリティーと数学の関わりについて教えてください．

桂 暗号というとひと昔前までは国家間が機密をやり取りするとか，暗いイメージがありましたが．

岡本 いまでも一部で使っているかもしれない．

桂 そういうこともあるかもしれませんが，現代ではもっと大事なことに使われています．インターネット通信のセキュリティー，たとえば電子マネーや電子投票などの際にされる電子的な署名の安全性を守る，これは必須の条件です．個人情報を守るためにデータの暗号化がなされています．コンピュータをよく使う方は SSH などということをご存じでしょうが，そういうシステムにも暗号が入っています．暗号に整数論，古代ギリシアからある代数学が実際に使われているというのはなかなか深いものです．

岡本 符号理論には整数論ばかりでなく代数幾何学も使われている．暗号理論でも同じように代数幾何学が使われています．ただ，コンピュータのセキュリティーは数学に支えられているけれど，こういうところはなかなか目に見え難い．CD で音楽を聴いているときには，おお数学が聞こえてくるぞ，という気に少しはなるかもしれないけど，ネットワーク・セキュリティーとなると何も聞こえない．

桂 システムとして機械に組み込まれていますから，「ここにも数学が使われている」と認識するのはなかなか難しい．でも，それがないと安全を守れない．比較として適当かどうかわかりませんが，たとえば自動車について

は内部の構造を全然気にしなくても運転できます．自動車がどういう仕掛けで動くのか，それは知らないけれど運転はできるというのと似ていて，コンピュータを利用するにあたってセキュリティーの原理を知る必要はとりあえずない．数学内部構造のそのまた中に入っている．

4　代数幾何学とコンピュータ

　岡本　符号や暗号の話題は第 11 章以降のテーマの 1 つとなる．ところで本書でこれまで扱ってきた「自然と数学」という主題では，微分方程式や式の計算とか，そういうものが中心でしたが，デジタルの世界では有限体とか，これまでとは少し違った数学に触れることになりますね．

　桂　その通り，代数学が中心になりますが，とりわけ離散数学的なものが中心です．実際には整数論，代数幾何学，このような抽象度の高いものが活きてくる．整数論では整数が最初の対象ですが，現代では代数的整数，これは次章以降で多少は紹介することがらですが，このような新しい数学を使います．

　それと私の専門分野である代数幾何学が使われている．代数幾何学について少し説明します．1960 年代にフランスで代数幾何学の抽象理論が膨大な発達を遂げました．論文の総計 1 万ページにも及ぶような大理論が構築されたのですが，これはユークリッド幾何学原論にあたるものを代数幾何学で構成しようという試みでした．Eléments de Géométries Algébriques（省略してEGA と言う），これをアレキサンダー・グロタンディクという大天才が牽引車となってどんどん発展させていった．

　さて，デジタルとか暗号，現在はここにも代数幾何学が入っています．楕円曲線暗号ということを聞かれたことがあるかもしれませんが，これは代数幾何学に深く関係しています．それにしても，そういう暗号やデジタルへの応用などということは考えずに，応用とは独立に，1960 年代に大理論が構築された．これも不思議なことです．

　岡本　抽象的で難しい数学が応用されているということです．私がもう 1

つ思うことがあります．それは実際にコンピュータのセキュリティーや符号理論という具体的なことから入り，逆に代数幾何学を学ぶきっかけにする．実際的なものから入ると抽象的で難しい数学が，取っ付きやすく理解しやすいものになる．そういう側面もあるような気がしますが，いかがですか．

桂　具体的なところから入ると抽象的なことが理解できるとか，あるいは抽象的なことから入ると具体的なことが浮き彫りになってよくわかるというのは，これは数学の持っている特徴ではないでしょうか．

岡本　小学校で足し算を習うときには，最初はおはじきの数を勘定することから始める．私達が普通にする足し算は，すでに抽象化された手続きですね．この例から類推すれば，今度はコンピュータなど，そういうものを操作するという具体的な手順を使って抽象的なものに入っていく．このような勉強の仕方もあるということですね．

桂　最近はいろんなものが多様化していますから，数学の学習法も多様化しているといえるのではないでしょうか．

岡本　そういうことなのでしょう．これに関連して，もう1つ取り上げたいことがあります．それはコンピュータが発展する過程で数学が深く使われていること，それにより数学に対する理解の仕方も変わってきているということに加えて，数学そのものがコンピュータの発達に伴って変化しているのではないでしょうか．数学のあり方，研究最先端のレベルでコンピュータがあるとないとでは大違いだ．このように私は思っていますが，いかがでしょうか．

桂　コンピュータは新しい数学を創り出す場面ではあまり活躍できない．新しい数学の創造，開発ということにはかなり人間的な情緒，人間の自然に対する思いが関わっていますが，コンピュータにはその辺は理解できない．しかしながら，計算するということについては人間が計算するよりも比較にならないくらい速い．これまでコンピュータなしでは不可能であったことが，コンピュータを用いて計算できる，こういうところでは数学に大きな影響を与えています．

たとえば「素数の判定」です．ある大きな数が素数であるかどうかを判定するのは人間技ではとてもできない，それほど大きな数に対しても，コンピュー

タを利用してそれが実際に素数であることを証明する．その素数を暗号に使う，そういうことが実際に行われています．

岡本 いまの話をまとめるとこういうことですね．素数がたくさんあること，無限個存在することはユークリッドの時代から知られていた．でも，与えられた数が実際に素数であるかどうかを判定するということはまったく別の問題で，これはとても難しい．初めに話が出た n 次方程式の例でいえば，5 次方程式だろうと 6 次方程式だろうと，根は複素数の範囲で確かにある．しかし，それを具体的に書こうとしても 5 次以上の方程式には根の公式がない．

方程式については，根が実際にどういう構造をしているのかを知るためにガロア理論ができる．素数については，その数が素数かどうか判定するとき，今度はコンピュータがある程度の役割を果たす．

桂 そうです．実際，抽象数学の整数論や代数幾何学の分野でも，具体的な計算を進めるためにコンピュータを使う．これは普通に数学者がしていることで，実際にいままで計算できなかったような不定方程式を解くとか，コンピュータは非常に役に立っています．数学のレベルでも同じです．

岡本 第 11 章から第 14 章まで，デジタルの話題を中心としたいろいろな数学を紹介することになります．最後になりますけれども，離散数学は今後ますます発展していく，中心を占めるようになると思ってよろしいのでしょうか．

桂 これからはデジタルの時代で，ユビキタス社会とも呼ばれていますが，あらゆるものをコンピュータで制御する，さらにコンピュータと深く関係しているインターネットを利用して社会全体を包括的に捉える，そういう時代が来る．つまりデジタルは私達の生活からもう切り離せないものであると思います．そうなると，そこで活躍している数学は，生活にとって不可欠なものになると言えるのではないでしょうか．

岡本 対談はこれくらいにして本論に入りましょう．この後第 15 章において，今度は 3 人の著者による鼎談をします．

5 まとめ

　対談について簡単なまとめと補足を追加する．まず，話に出てきたカルダノの公式は，第2章にも紹介してある．これまで主題としてきた「自然と数学」については，自然現象を解析するために数学を道具として用い，それから得られた新しい結果をまた道具として使うという数学の働きが明らかになったと思う．これから学ぶ「社会と数学」も同じである．しかし，こちらの方は，純粋に数学として発展してきた数学を新たに社会現象の解析に用いるという傾向がより強いと感じられたかもしれない．

　そのような印象を持つ理由は2つある．はじめに，この対談で話題になった数学は，整数論や代数幾何学など，純粋数学として確立している分野であるということがある．微分方程式はもともと自然の記述に関して発見された概念であるのに対して，代数学は数学それ自身の中に確固たる基盤と発達の道を持っていた．現在でも同じである．一方，対談がコンピュータの話から始まったことに現れているように，現代社会の解析に数学を利用するようになったことはそう古いことではない．自然が数学に与えたほどのインパクトは，まだ社会現象は与えていない．これが2つめの理由である．

　しかし，このような数学の応用が発展していくことで，数学が未知の分野に展開する可能性が秘められているとも考えられる．その意味で，新しい開拓分野であることは間違いがない．対談の中で，デジタルをキーワードとして離散数学の可能性が語られていた．自然を表現する数学が微分方程式など連続的なものであったのに対して，たとえば整数のような離散的なものの上で定義された関数に関わることがらは離散数学という分野の対象である．高等学校で習う，漸化式で定められる数列もその一例である．1つ例を挙げよう．

$$F_{n+1} = F_n + F_{n-1}, \quad F_1 = 1, \quad F_2 = 1$$

で定義される自然数の列を**フィボナッチ数列**という．はじめのいくつかを書くと

$$1, 1, 2, 3, 5, 8, 13, 21, 34, 55, 89, 144$$

である．フィボナッチは 13 世紀に活躍したイタリアの数学者で，『算盤の書』を著してアラビア数字の普及に努めた．もととなった問題は次のようなものである．「一対のウサギがいる．この一対のウサギは毎月一対のウサギを産む．新しく生まれたウサギも 2 ヵ月目以降毎月一対のウサギを産む．ウサギが死なないとすると 1 年後には何対のウサギがいるか」．

フィボナッチ数列の一般項を n で表すことができる．結果だけ書くと

$$F_n = \frac{\alpha^n - \beta^n}{\alpha - \beta}, \quad \alpha = \frac{1+\sqrt{5}}{2}, \quad \beta = \frac{1-\sqrt{5}}{2}$$

となる．自然数の列なのに，無理数で表されている．α の値を黄金比という．私たちが使う名刺やクレジットカードなどは，縦の長さと横の長さの比が黄金比である．

フィボナッチ数列は自然界にも現れる．ヒマワリの花の真ん中に種が並んでいるが，この並びの数はフィボナッチ数列である．数学的にも見かけほど単純ではなく，現代でも研究対象になっていて，フィボナッチ数列に関する専門誌もある．たとえば「フィボナッチ数列には無限個の素数が含まれるか」という問題は未解決である．

「グラフ理論」も離散数学の例である．この分野も一筆書きの問題に関連する長い歴史があるが，私達の生活と大いに関係している．たとえば，ネットワークを利用して遠隔地と通信するときに，2 つのコンピュータはいろいろなところを経由してつながっているが，どのような経路が効率的であるか，全体の構造はどうなっているかということの数学的解析が行われている．また，発電所から大都市に電気を送るとき，送電線が 1 カ所切れても停電が起こらないように配電が考えられている．これもグラフ理論である．

古くからある数学が思わぬものに利用されて生活の快適さを守っている，これも繰り返し言っている数学の汎用性の表れである．数学の分野の中でも，代数学は縦型の構造，つまり一歩一歩登って行かないと高いところに着かないという形がハッキリしている．高いところからはきれいな景色が期待できる．本書を読み進むにしたがって数学の理解が深まることを期待している．

11 数の世界

♪ モーツァルト『弦楽 5 重奏曲ト短調』

1 整数

「数」の概念は人間の生活と切っても切れない関係にある．暦・時間，お金の計算，気圧や風速などの気象，距離など，数字がなくては私達の営みはなりたたない．現在では，デジタルやインターネットの発達により，符号理論や暗号理論などでも有効に用いられ，私達の生活を支えている．本章では，このような数の基礎を整理する．

1 から始まり，1 ずつ増える数列 $\{1, 2, 3, \cdots\}$ に含まれる数を**自然数**という．「神が整数をつくりたもうた．その他はみな人間の業である．」これは 19 世紀の数学者クロネッカーの有名な言葉であるが，少なくとも自然数は人類とともに自然に存在すると考えてもよいであろう．自然数とそのマイナスの数および 0 のなす集合を **Z** と書き，**Z** に属する数を**整数**という：

$$\mathbf{Z} = \{\cdots, -2, -1, 0, 1, 2, \cdots\}.$$

整数のことを**有理整数**ということもある．2 で割り切れる整数を**偶数**といい，2 で割り切れない整数を**奇数**という．

ここで，よく用いる記号を 1 つ導入する．a, b, m を整数とする．$a - b$ が m で割り切れるとき，言い換えれば，a, b を m で割ったときの余りが等し

いとき，
$$a \equiv b \pmod{m}$$
と書く．たとえば，$15 \equiv 3 \pmod 4$ である．

1 と自分自身以外では割り切れない自然数を**素数**という．2 は素数であるがそれ以外の素数はすべて奇数である．素数は，$2, 3, 5, 7, 11, 13, 17, 19, 23, \cdots$ と続く．

素数が無限個あることは古代ギリシアから知られている．$p_1, p_2, \cdots, p_m$ を素数とする．それらをすべて掛けて 1 を加えた自然数
$$n = p_1 p_2 \cdots p_m + 1$$
を考える．どんな自然数も何らかの素数で割り切れるから，この数を割り切る素数を 1 つとり，それを p_{m+1} とする．この素数は，取り方から自然数 n を割り切るが，n は最初に取った素数 $p_1, \cdots, p_m$ のいずれでも割り切れないから，p_{m+1} はこれらの素数とは異なる．この操作を繰り返して，新しい素数を次々に作ることができるから，素数は無限個存在するのである．

ここで用いた素数 p_{m+1} の存在には，整数の素因数分解が使われているが，これについては後に正確に述べよう．大きな素数は暗号に応用することができるため，大きな素数を見つけることは重要な問題である．素数は無限に存在するから，理論的にはいくらでも大きな素数が存在するはずである．しかし，具体的に大きな素数を見つけることは大変難しい問題である．2015 年 3 月現在知られている最大の素数は $2^{57885161} - 1$ であり，その桁数は 17,425,170 桁．コンピュータを用いた計算によって，素数であることが示された．この素数のように，$2^n - 1$ の形の素数を**メルセンヌ素数**という．2015 年 3 月現在，素数になるメルセンヌ素数が 48 個知られている．

素数については興味深い事実が数多く知られている．いくつか例を挙げておこう．

(1) $n^2 + n + 41$ は $0 \leqq n \leqq 39$ のすべての整数 n に対して素数になる（オイラー）．

(2) a, b を互いに素（第 12 章参照）な整数とするとする．このとき，数列 $\{a+bn\}_{n=1,2,3,\cdots}$ には無数の素数が含まれている（ディリクレの算術級数定理）．

(3) n を 2 以上の自然数とすると，開区間 $(n, 2n)$ には必ず素数が含まれる（チェビシェフの定理）．一方，いくらでも大きな有限区間でその範囲に素数がまったく存在しない区間は存在する．実際，n を任意に大きな自然数とし，開区間 $((n+1)!+1, (n+1)!+(n+2))$ をとれば，その中に n 個の自然数が存在するが，それらはいずれも素数ではない．

(4) 素数がどのくらい存在するかについては次のことが知られている．自然数 x を超えない素数の数を $\pi(x)$ とおく．このとき，

$$\pi(x) \sim \frac{x}{\log x}$$

となる．つまり，$\lim_{x \to \infty} \pi(x) / \frac{x}{\log x} = 1$ が成り立つ（アダマール，ヴァレ・プーサン）．つまり，x が大きいと，区間 $[1, x]$ にある素数の数はだいたい $\frac{x}{\log x}$ ぐらいということである．ここに，対数の底は自然対数の底 e である．

素数の世界には，未解決問題も数多く残されている．

(1) 3 と 5, 5 と 7, 11 と 13, 17 と 19 のように，偶数をはさむ 2 つの素数を**双子素数**という．双子素数は無限個存在すると予想されているが証明されていない．

(2) 4 以上の偶数は 2 つの素数の和として表されると予想されている．$4 = 2+2, 6 = 3+3, 8 = 5+3, 10 = 7+3, 12 = 7+5$ など．この予想は**ゴールドバッハの予想**と呼ばれている．

(3) 本書のレベルを超えた話であるが，

$$\zeta(s) = \sum_{n=1}^{\infty} \frac{1}{n^s}$$

とおく．この級数は，s が複素数のときも考えることができ，s の実部が 1 より大きいときには収束して，そこで複素微分可能な関数（正則

関数) になることが知られている．また，解析接続という操作によって，$s=1$ は極という無限大になる点であるが，複素平面のそれ以外の点では正則な関数になる．これを**リーマンのゼータ関数**といい，その零点の位置が素数の分布と関係する重要な関数である．この関数が $s=-2n$ $(n=1,2,3,\cdots)$ で零点を持つことは困難なく証明できる．リーマンは約 150 年前，それ以外の零点はすべて実部が $\dfrac{1}{2}$ の直線上に乗っているであろうと予想した．この予想はリーマン予想と呼ばれ，2000 年にアメリカのクレイ研究所が選んだ 7 つのミレニアム懸賞問題のうちの 1 つになっている．

§2 体

2 つの整数の商として表される数を**有理数**という．有理数全体の集合を $\mathbf{Q}$ と書く：

$$\mathbf{Q} \ni -\frac{2}{3}, -1, 0, \frac{4}{5}, \frac{25}{33}, \cdots.$$

有理数を大小順に直線上に並べると，$\sqrt{2}$ のように有理数の間に入る数がある．このように，有理数の間を埋める数を**実数**という．有理数でない実数を**無理数**という．円周率 π，自然対数の底 e は無理数であることが知られている．実数全体の集合を $\mathbf{R}$ と書く：

$$\mathbf{R} \ni -\frac{2}{3}, -1, 0, \sqrt{2}, \pi, e, \cdots$$

2 乗して -1 になる数を仮想的に考え $\sqrt{-1}$ とおく．$\sqrt{-1}$ を**虚数単位**という．虚数単位を $i=\sqrt{-1}$ と書くことが多い．$a,b \in \mathbf{R}$ をとり，$a+b\sqrt{-1}$ なる「数」を考え，**複素数**と呼ぶ．a を**実部**，b を**虚部**という．複素数全体の集合を $\mathbf{C}$ とおく：

$$\mathbf{C} = \{a+bi \mid a,b \in \mathbf{R}, i=\sqrt{-1}\}.$$

$\mathbf{C}$ の 2 元 $\alpha_1 = a_1 + b_1 i$, $\alpha_2 = a_2 + b_2 i$ は，$a_1 = a_2$ かつ $b_1 = b_2$ のときに限り相等しい．実数 a は $a + 0\sqrt{-1}$ によって複素数と見なすことができる．

これによって，

$$\mathbf{C} \supset \mathbf{R} \supset \mathbf{Q}$$

となる．実数でない複素数 $a+bi$ $(b \neq 0)$ を**虚数**，bi の形の複素数を**純虚数**という．

$\mathbf{C}$ の 2 元 $\alpha_1 = a_1 + b_1 i, \alpha_2 = a_2 + b_2 i$ に対し，和を

$$\alpha_1 + \alpha_2 = (a_1 + a_2) + (b_1 + b_2)i,$$

積を

$$\alpha_1 \cdot \alpha_2 = (a_1 a_2 - b_1 b_2) + (a_1 b_2 + b_1 a_2)i$$

によって定義する．これによって，有理数全体の集合 $\mathbf{Q}$ や実数全体の集合 $\mathbf{R}$ の場合と同様に，和（足し算）と積（掛け算）が定義できる．複素数 $z = a+bi$ に対し，$\bar{z} = a - bi$ とおき，これを z の**複素共役**という．複素数まで数の概念を拡張すると，代数方程式の解の構造が簡明になる．

$a_0, a_1, \cdots, a_n; a_0 \neq 0$ を $n+1$ 個の複素数とする．それらを係数とする n 次代数方程式

$$a_0 x^n + a_1 x^{n-1} + a_2 x^{n-2} + \cdots + a_{n-1} x + a_n = 0$$

は，重複を数えて $\mathbf{C}$ に必ず n 個の解を持つのである．この事実は，代数学の基本定理と呼ばれ，1799 年にガウスによって初めて証明された．言い換えれば，この定理は，n 次多項式が必ず 1 次式の積に因数分解できることを示しており，この意味で，複素数は究極の数である．

ここで，代数方程式の解の公式について考えてみよう．2 次方程式

$$x^2 + ax + b = 0$$

図 **11.1** ガウス (1540–1603)

の解の公式は，よく知られているように

$$x = \frac{-a \pm \sqrt{a^2 - 4b}}{2}$$

で与えられる．3次方程式，4次方程式についても，解は，係数を用いて，それらの加減乗除とべき根によって具体的に表示されることが16世紀から知られている．3次方程式の解の公式は**カルダノの公式**，4次方程式の解の公式は**フェラーリの公式**と呼ばれている．このように，代数方程式の解が，係数を用いて，それらの加減乗除とべき根によって具体的に表示されるとき，代数方程式は代数的に解けるという．この言い方を用いれば，4次以下の任意の代数方程式は代数的に解くことができる．これに対し5次以上の代数方程式の場合には状況が異なっており，19世紀前半アーベルは，5次以上の代数方程式には，係数の加減乗除と巾根だけを用いた解の公式は存在しないことを示した．この事実を，5次以上の一般代数方程式は代数的に解けない，と表現する．引き続いて，ガロアは，代数方程式が代数的に解けるための条件を群という簡明な代数系の条件として捉え，ガロア理論と呼ばれる美しい理論を見出した．

さて，有理数全体の集合 **Q**，実数全体の集合 **R**，複素数全体の集合 **C** には，和と積が定義できるということはすでに述べた．ここで，**Q**, **R**, **C** をまとめて K と書き，和と積の満たす性質を抽出しよう．

$a, b, c \in K$ とする．

(I)（和 + に関して）
 (i)（結合法則）$(a + b) + c = a + (b + c)$．
 (ii)（零元の存在）任意の $a \in K$ に対し，$0 + a = a + 0 = a$ となる元 0 が存在する．
 (iii)（和に関する逆元の存在）$a \in K$ に対し，$a + a' = a' + a = 0$ となる元 $a' \in K$ が存在する．
 (iv)（可換性）$a + b = b + a$．

(II)（積・に関して）
 (i)（結合法則）$(a \cdot b) \cdot c = a \cdot (b \cdot c)$．
 (ii)（単位元の存在）任意の $a \in K$ に対し，$1 \cdot a = a \cdot 1 = a$ となる元 1

が存在する．
- (iii)（積に関する逆元の存在）$b \in K$, $b \neq 0$ に対し，$b \cdot b' = b' \cdot b = 1$ となる元 $b' \in K$ が存在する．
- (iv)（可換性）$a \cdot b = b \cdot a$．

(III)（分配法則）
- (i) $(a+b) \cdot c = a \cdot c + b \cdot c$．
- (ii) $a \cdot (b+c) = a \cdot b + a \cdot c$．

一般に，空でない集合 K に和と積が定義されていて，これらの性質を満たすとき，K を**体**という．また，これらの性質のうち，(II)(iii) 以外の性質を満たす和 $+$ と積 $\cdot$ が与えられた集合を**可換環**という．積を表す記号 $\times$ や $\cdot$ はしばしば省略され，$a, b \in K$ に対し，$a \cdot b$ をしばしば ab と書く．

有理数全体の集合 **Q**, 実数全体の集合 **R**, 複素数全体の集合 **C** に入る和，積がこれらの条件を満たすことはよく知られている事実である．したがって，**Q**, **R**, **C** は体になる．有理整数全体の集合 **Z** は，体の性質のうち，性質 (II)(iii) 以外の性質を満たす．したがって，**Z** は可換環である．可換環や体は，現代代数学において中心的な役割を果たす代数系である．

§ 3 代数的数と超越数

ある複素数 α が適当な有理数 $a_0, a_1, \cdots, a_n$; $a_0 \neq 0$ を係数とする代数方程式
$$a_0 x^n + a_1 x^{n-1} + a_2 x^{n-2} + \cdots + a_{n-1} x + a_n = 0$$
の解になるとき，α を**代数的数**という．これは有理数の概念の拡張にあたっている．代数的でない数を**超越数**という．ある複素数が代数的数であるか超越的数であるかを判定する問題は興味ある問題である．いくつか例を挙げておこう．

(1) 有理数 a は代数的数である．

なぜならば，有理係数の 1 次方程式 $x - a = 0$ の解になるからである．
(2) $\sqrt{a}$ $(a \in \mathbf{Q})$ は代数的数である．
なぜならば，有理係数の 2 次方程式 $x^2 - a = 0$ の解になるからである．
(3) 円周率 π は超越数である（リンデマン，1882）．
(4) 自然対数の底 e は超越数である（エルミート，1873）．
(5) $\alpha, \alpha \neq 0, 1$ を代数的数，β を代数的な無理数とすれば，α^β は超越数である．この事実によって，たとえば $2^{\sqrt{2}}$ は超越数となる（ヒルベルトの第 7 問題：(ゲルフォント，1934), (シュナイダー，1935)）．同様に，$\sqrt{2}^{\sqrt{2}}$ は超越数となる．
(6) $\alpha, \alpha \neq 0$ を代数的数とすれば，e^α は超越数である．たとえば，$e^{\sqrt{2}}$ は超越数であることがわかる．

代数的数の全体 A は，有理数全体と同様に，加減乗除について体になる．このことにより，有理数と同様の理論展開が可能となり，代数的整数論という広大な分野へとつながっていく．

§ 4 ガウス整数

代数的数を用いた整数論の一例を挙げてみよう．整数の拡張として次のような数全体を考える:

$$\mathbf{Z}[i] = \{a + bi \mid a, b \in \mathbf{Z}, \ i = \sqrt{-1}\}$$

この集合の元 $a + bi$ を**ガウス整数**という．また，有理整数に対する有理数に当たるものとして，

$$\mathbf{Q}(i) = \{a + bi \mid a, b \in \mathbf{Q}\}$$

を考える．$a + bi, c + di \in \mathbf{Q}(i)$ $(c + di \neq 0)$ に対し，

$$(a + bi)/(c + di) = (ac - cd)/(a^2 + b^2) + (ad + bc)i/(a^2 + b^2) \in \mathbf{Q}(i)$$

だから，0 以外の元には逆元が存在し，$\mathbf{Q}(i)$ は体になる．$\mathbf{Q}(i)$ の任意の元 $z = a + bi$ $(a, b \in \mathbf{Q})$ は 2 次方程式

$$X^2 - 2aX + a^2 + b^2 = 0$$

を満たすから代数的数である．そのうち $\mathbf{Z}[i]$ に入る元が「整数」にあたり，これをガウス整数というのである．

ここで，有理整数を用いた初等整数論の代表的な議論として，$\sqrt{2}$ が無理数であることを証明してみよう．

背理法で証明するために，$\sqrt{2}$ が有理数であるとする．このとき，互いに素な自然数 a, b（第12章参照）で

$$\sqrt{2} = a/b$$

となるものが存在する．分母を払って2乗して

$$2b^2 = a^2$$

を得る．したがって，a は2で割り切れる．よって，自然数 c が存在して，$a = 2c$ となる．したがって，

$$b^2 = 2c^2$$

を得る．この式から b も2で割り切れる．これは，a, b が互いに素であるという仮定に反する．よって，$\sqrt{2}$ は無理数である．

このような整除の議論をガウス整数を用いても行うことができる．例として次のような問題を取り上げてみよう．

問題　素数 p に対し，$p = x^2 + y^2$ となる整数 x, y が存在するか．

小さな素数について考えてみよう．

$$\begin{aligned} p &= x^2 + y^2, \\ 2 &= 1^2 + 1^2, \\ 3&, \\ 5 &= 1^2 + 2^2, \\ 7&, \end{aligned}$$

$$11,$$
$$13 = 2^2 + 3^2,$$
$$17 = 1^2 + 4^2,$$
$$19,$$
$$23,$$
$$29 = 2^2 + 5^2,$$
$$31,$$
$$37 = 1^2 + 6^2,$$
$$41 = 4^2 + 5^2,$$
$$43,$$
$$47,$$
$$53 = 2^2 + 7^2,$$
$$\vdots$$

これらから推測できるように,素数 p が $p = 2$ または $p \equiv 1 \pmod{4}$ となるときに限り,$p = x^2 + y^2$ となる整数 x, y が存在する.

素数 p が整数 x, y を用いて $p = x^2 + y^2$ と書けるということは,ガウス整数 $x + yi, x - yi$ を用いて $p = (x + yi)(x - yi)$ とガウス整数として因数分解できるということを意味している.このように因数分解できるための必要十分条件が,$p = 2$ または $p \equiv 1 \pmod{4}$ なのである.証明は,たとえば参考文献 [1] にある.

参考文献

[1] 高木貞治,『初等整数論講義 第 2 版』,共立出版,1971.

12 有限の世界

♪ モーツァルト『交響曲 40 番ト短調』

1 合同式

この節では，まず，前章で用いた整数の整除の概念を正確に述べることからはじめよう．整数 $a, b \in \mathbf{Z}$ に対し，a が b を**割り切る**とは，ある整数 q が存在して
$$b = aq$$
となることである．このとき，「a は b の**約数**である」とか「b は a の**倍数**である」といい，$a \mid b$ と書く．b が a で割り切れないとき，$a \nmid b$ と書く．a が b を割り切るとき，$-a$ も b を割り切るから，以下，単に約数といった場合には正の約数を意味するものとする．

整数 a, b に対し，a と b の共通の約数を**公約数**という．a と b の公約数のうちで最大のものを，a と b の**最大公約数**といい，$\gcd(a, b)$ と書く．a と b の最大公約数が 1 になるとき，a と b は**互いに素**であるという．たとえば，15 と 35 の最大公約数は 5 である．8 と 15 の最大公約数は 1 であり，したがって互いに素である．また，2 以上の任意の整数 n は，有限個の素数の積に素因数分解することができる．たとえば，$360 = 2^3 \cdot 3^2 \cdot 5$ と因数分解できる．素因数分解を正確に表現すれば，次のようになる．2 以上の任意の整数 n に対

129

し，相異なる有限個の素数 $p_1, p_2, \cdots, p_t$ と自然数 $e_1, e_2, \cdots, e_t$ が存在して

$$n = \pm p_1^{e_1} p_2^{e_2} \cdots p_t^{e_t}$$

と，積の順序を除いて一意的に表示される．

割り算は整数を扱う上での基本であり，2 つの整数 a $(a \neq 0), b$ が与えられたとき，b を a で割って商が q で余りが r という状況は

$$b = qa + r, \quad 0 \leq r < |a|$$

となるような整数 q, r がただ 1 組存在する，と表すことができる．ここに $|a|$ は a の絶対値を表す．

ここで，初等整数論の証明でしばしば使われる事実を 1 つ紹介しよう．2 つの整数を用いてどのような整数が表せるかという問題であるが，a, b を 0 ではない整数とし，a, b の最大公約数を d とする．このとき，整数 α, β をうまく選べば，d は

$$\alpha a + \beta b = d$$

と表示できる[1]．とくに，a, b が互いに素なら，$d = 1$ だから

---

1) この結果は次のように証明される．

まず，a, b を 0 ではない整数とし，a, b の最大公約数を d とするとき，

$$I = \{xa + yb \mid x, y \in \mathbf{Z}\}$$

とおけば，I は d の倍数全体と一致することを示す．これが示せれば，d が I に含まれていることから，

$$\alpha a + \beta b = d$$

となるような整数 α, β が存在することがわかる．

証明に入ろう．$a = 1a + 0b$ だから，$a \in I$．同様に，$b \in I$．もし，a が負の数なら $-a$ は正の数で，$-a = (-1)a + 0b$ だから $-a \in I$．したがって，I は正の整数を含む．I に含まれる正の整数のうち最小の数を c とする．このとき，

$$c = x_1 a + x_2 b$$

となるような整数 x_1, x_2 が存在する．したがって，任意の整数 x に対し

$$xc = (xx_1)a + (xx_2)b$$

となるから，I は c の倍数をすべて含む．逆に，I の任意の元 z をとる．このとき，z を c で割り算すれば，商 q と余り r が存在して，

$$\alpha a + \beta b = 1$$

となるような整数 α, β が存在する.

例を挙げておこう. $a = 7, b = 5$ なら, a, b は互いに素である. このときは, $\alpha = -2, \beta = 3$ ととれば, $\alpha a + \beta b = 1$ が成り立つ. $a = 56, b = 72$ なら, 最大公約数 $d = 8$ である. このときは, $\alpha = 4, \beta = -3$ ととれば, $\alpha a + \beta b = 8$ が成り立つ.

記号 $\equiv$ については前章で述べた. つまり, 整数 a, b, m に対し, $a - b$ が m で割り切れるとき

$$a \equiv b \pmod{m}$$

と書くのであった. このとき, a と b は m を法として**合同**であるといい, この式を**合同式**という.

a を m で割った余りと b を m で割った余りが等しいときに限り, $a - b$ が m で割り切れるということから,

$$a \equiv b \pmod{m}$$

は, a を m で割った余りと b を m で割った余りが等しいことを意味している. このことを考えれば, $a, b, c \in \mathbf{Z}$ とするとき, 合同関係に対して次が成立することは明らかである.

(i) $a \equiv a \pmod{m}$.
(ii) $a \equiv b \pmod{m}$ ならば $b \equiv a \pmod{m}$.
(iii) $a \equiv b \pmod{m}$ かつ $b \equiv c \pmod{m}$ ならば $a \equiv c \pmod{m}$.

一般に, これらの性質 (i)(ii)(iii) を満たす関係を**同値関係**という. この用語を用いれば, 合同関係は同値関係であるということができる.

$$z = qc + r, \quad 0 \leqq r < c$$

と書ける. $z, qc \in I$ だから $z - qc \in I$ となるが, このとき $r \in I$ となって, もし $r \neq 0$ なら, c の最小性に反する. よって, I の元はすべて, c の倍数となる. とくに, I の元はすべて c で約せる. したがって, とくに, a, b はともに c で約せる. d は a, b の最大公約数だから $c \mid d$ となる. 一方, d は a, b の共役数だから, I のすべての元は d で約せる. したがって, c も d で約せる. 以上から, $c = d$ となる.

法 m を 1 つ固定して考える．このとき，m を法として整数 a と合同な整数全体の集合を $\bar{a}$ と書く：

$$\bar{a} = \{x \in \mathbf{Z} \mid x \equiv a \pmod{m}\}.$$

これを a の定める法 m に関する**合同類**と呼ぶ．a を m で割った余りを r $(0 \leq r \leq m-1)$ とすれば，$a \equiv r \pmod{m}$ だから，$r \in \bar{a}$ であり，$\bar{r} = \bar{a}$ となる．このことから法 m に関する合同類は，m で割った余りの分だけ存在する．つまり，法 m に関する合同類の集合を $\mathbf{Z}/m\mathbf{Z}$ と書けば，

$$\mathbf{Z}/m\mathbf{Z} = \{\bar{0}, \bar{1}, \cdots, \overline{m-2}, \overline{m-1}\}$$

となり，その元は m 個存在する．

これは，整数のクラス分けである．$a \equiv b \pmod{m}$ であるとき，整数 a と b は同じクラスに入るのである．

クラスの集合 $\mathbf{Z}/m\mathbf{Z}$ に自然に和と積を定義しよう．

$\bar{a}, \bar{b} \in \mathbf{Z}/m\mathbf{Z}$ に対し，

$$\text{和} : \bar{a} + \bar{b} = \overline{a+b},$$
$$\text{積} : \bar{a} \cdot \bar{b} = \overline{ab}.$$

これらの演算はいずれも，合同類から代表元 a, b を選び，a の属するクラスと b の属するクラスの和を $a+b$ の属するクラスとして，a の属するクラスと b の属するクラスの積を ab の属するクラスとして，クラスの演算を定義するのである．ここで問題なのは，クラスの代表の選び方はいろいろあるから，別の代表を選んだとき演算が変わってしまったら，クラスとしての演算が定義できない．政党の代表が変わって党の方針が全然変わってしまったら，政党として成り立たないのと同様である．これについては，次の 2 つの式が成立し，代表によらずクラスの和と積が定義できることを保証している．

$a_1 \equiv a_2 \pmod{m}, b_1 \equiv b_2 \pmod{m}$ とすれば，

$$a_1 \pm b_1 \equiv a_2 \pm b_2 \pmod{m},$$
$$a_1 b_1 \equiv a_2 b_2 \pmod{m}$$

が成り立つ．

証明してみよう．仮定から $a_1 - a_2 = xm$, $b_1 - b_2 = ym$ となる整数 x, y が存在するから，

$$(a_1 \pm b_1) - (a_2 \pm b_2) = (x \pm y)m,$$
$$a_1 b_1 - a_2 b_2 = a_1(b_1 - b_2) + (a_1 - a_2)b_2 = (a_1 y + b_2 x)m$$

となる．これらの式から，$(a_1 \pm b_1)$ と $(a_2 \pm b_2)$ が同じクラスに入り，$a_1 b_1$ と $a_2 b_2$ が同じクラスに入ることが結論される．代表元の選び方によらず決まるこのような状況を英語では well-defined という．このようにして，$\mathbf{Z}/m\mathbf{Z}$ に和と積を定義することができ，$\mathbf{Z}/m\mathbf{Z}$ は可換環になる．ここに，$\bar{0}$ は零元の役割を果たし，$\bar{1}$ が単位元 1 の役割をはたす．つまり，$\bar{a} \in \mathbf{Z}/m\mathbf{Z}$ に対し，

$$\bar{a} + \bar{0} = \bar{0} + \bar{a} = \bar{a},$$
$$\bar{a}\bar{1} = \bar{1}\bar{a} = \bar{a}$$

が成り立つ．先にも述べたように，積の記号 · はしばしば省略し，$\bar{a} \cdot \bar{b}$ を $\bar{a}\bar{b}$ と書くことが多い．

$m = 6$ として，$\mathbf{Z}/6\mathbf{Z}$ の構造を調べてみよう．$\mathbf{Z}/6\mathbf{Z}$ は

$$\bar{0}, \bar{1}, \bar{2}, \bar{3}, \bar{4}, \bar{5}$$

の 6 個の元からなる．演算は，たとえば，

$$\bar{2} + \bar{3} = \bar{5}, \quad \bar{4} + \bar{5} = \bar{9} = \bar{3},$$
$$\bar{2} \cdot \bar{3} = \bar{6} = \bar{0}, \quad \bar{4} \cdot \bar{5} = \overline{20} = \bar{2}$$

となる．

2 有限体

前章で出てきた $\mathbf{Q}$, $\mathbf{R}$, $\mathbf{C}$ などの体の例では，それぞれ無限個の元を含んでいる．それでは，有限個の元しか含まない体（有限体）は存在するのであろ

うか．1830 年，フランスの若き数学者ガロアは論文「数の理論について (Sur la théorie des nombres)」を発表し，その中で有限個の元からなる集合に和と積を与えて体になるものが存在することを示した．この体を**有限体**という．有限体は，発見者にちなんで**ガロア体**とも呼ばれている．

図 12.1 ガロア (1811–1832)

まず，$m = 2$ とし，2 元からなる集合 $\mathbf{Z}/2\mathbf{Z} = \{\bar{0}, \bar{1}\}$ をとり，前節で定義した和，積を考える．具体的に書けば，和は

$$\bar{0} + \bar{0} = \bar{0}, \quad \bar{0} + \bar{1} = \bar{1},$$
$$\bar{1} + \bar{0} = \bar{1}, \quad \bar{1} + \bar{1} = \bar{0},$$

積は

$$\bar{0} \cdot \bar{0} = \bar{0}, \quad \bar{0} \cdot \bar{1} = \bar{0},$$
$$\bar{1} \cdot \bar{0} = \bar{0}, \quad \bar{1} \cdot \bar{1} = \bar{1}$$

である．これによって $\mathbf{Z}/2\mathbf{Z}$ は体の公理を満たすから，体になる．このようにして 2 元からなる体が構成できる．この体を $\mathbf{F}_2$ と書く．

以上の構成を一般化しよう．p をある素数とし，

$$\mathbf{Z}/p\mathbf{Z} = \{\bar{0}, \bar{1}, \cdots, \overline{p-1}\}$$

を考える．この集合に和と積は

$$\bar{a} + \bar{b} = \overline{a+b}, \; \bar{a} \cdot \bar{b} = \overline{a \cdot b}$$

によって定義されるのであった．

ここで，m を 2 以上の整数とし，可換環 $\mathbf{Z}/m\mathbf{Z}$ の割り算について調べるために，a, b, c を整数，m を自然数とし，m と c は互いに素であるとする．このとき，$ac \equiv bc \pmod{m}$ ならば，$a \equiv b \pmod{m}$ が成り立つ．

証明には，m と c が互いに素であるから，整数 x, y で $cx + my = 1$ となるものが存在することを用いる．

$$a = a \cdot 1 = acx + amy, \quad b = b \cdot 1 = bcx + bmy$$

が成り立つから，$a - b = (ac - bc)x + (ay - by)m$ となるが，仮定からこの右辺は m で割り切れる．したがって，$a - b$ も m で割り切れる．すなわち，$a \equiv b \pmod{m}$ が成り立つ．

m が素数でなければ，$\mathbf{Z}/m\mathbf{Z}$ は体にはならない．たとえば，$\mathbf{Z}/6\mathbf{Z}$ において，$\bar{2}$ に逆元 $\bar{x}$ が存在すれば，$\bar{2} \cdot \bar{x} = \bar{1}$ となるが，両辺に $\bar{3}$ を掛ければ，$\bar{3} \cdot \bar{2} = \bar{0}$ を用いて，$\bar{0} = \bar{3}$ となり，$\bar{3}$ が零元でないことに矛盾する．

しかし，p を素数とすれば，$\mathbf{Z}/p\mathbf{Z}$ は体になる．$\mathbf{Z}/p\mathbf{Z}$ の零元は $\bar{0}$ であり，単位元は $\bar{1}$ である．このとき，体の条件のうち，積に関する逆元の存在以外の条件は明らかに成立する．そこで，任意の $\bar{a} \neq \bar{0}$ をとる．p は素数だから，a は p と互いに素となる．ゆえに，整数 x, y が存在して

$$xa + yp = 1$$

となる．この式を法 p で考えれば，$\bar{x}\bar{a} = \bar{1}$ となり，$\bar{x}$ が $\bar{a}$ の逆元となる．

体 $\mathbf{Z}/p\mathbf{Z}$ を $\mathbf{F}_p$ と書く．これは，p 個の元を持つ有限体になる．$\mathbf{F}_p$ の元 $\bar{a}$ に対し，$\bar{a}^i$ ($i = 1, 2, 3, \cdots, p-1$) が $\mathbf{F}_p$ の $\bar{0}$ 以外の元を尽くすとき，a を法 p に関する**原始根**という．a を p を法とする原始根とすれば，

$$\mathbf{F}_p = \{\bar{0}, \bar{a}, \bar{a}^2, \bar{a}^3, \cdots, \bar{a}^{p-2}, \bar{a}^{p-1} = \bar{1}\}$$

となる．

有限体の重要な性質を 2 つ挙げておく．この結果は，後に第 13 章で紹介するように，暗号で利用される．

(1) フェルマーの小定理

a を素数 p で割り切れない整数とすれば，$\mathbf{F}_p$ において $\bar{a}^{p-1} = \bar{1}$，つまり

$$a^{p-1} \equiv 1 \pmod{p}$$

が成り立つ．

(2) 素数 p に対して，p を法とする原始根が少なくとも 1 個存在する．

例として，$p = 5$ のときを考えれば，

$$\mathbf{F}_5 = \{\bar{0}, \bar{1}, \bar{2}, \bar{3}, \bar{4}\}$$

である．各元の逆元は

$$\bar{1}^{-1} = \bar{1},\ \bar{2}^{-1} = \bar{3},\ \bar{3}^{-1} = \bar{2},\ \bar{4}^{-1} = \bar{4}$$

であり，フェルマーの小定理から

$$\bar{1}^4 = \bar{1},\ \bar{2}^4 = \bar{1},\ \bar{3}^4 = \bar{1},\ \bar{4}^4 = \bar{1}$$

が成り立つ．また，$\bar{2}$ を考えれば

$$\bar{2},\ \bar{2}^2 = \bar{4},\ \bar{2}^3 = \bar{3},\ \bar{2}^4 = \bar{1}$$

図 **12.2** フェルマー (1601–1605)

となって，$\mathbf{F}_5$ の $\bar{0}$ 以外の元をすべて得るから，2 は 5 を法とする原始根である．同様に，3 も 5 を法とする原始根である．

さらに一般には，n を自然数として，$q = p^n$ とおけば，q 個の元を持つ有限体 $\mathbf{F}_q$ が存在することが知られている．また，任意の有限体は，ある素数 p とある自然数 n に対して $\mathbf{F}_{p^n}$ の形になることも知られている．

例として $\mathbf{F}_{2^2}$ を構成しよう．$\mathbf{F}_2$ の元を係数とする 2 次方程式 $x^2 + x + 1 = 0$ の解を ω とする．このとき，$\omega^2 + \omega + 1 = 0$ が成り立つ．$\mathbf{F}_2$ の元は $\bar{0}, \bar{1}$ の 2 元からなるが，混乱の恐れはないので，$\bar{0}$ を 0，$\bar{1}$ を 1 と書く．このとき，$2 = 0$ だから $-1 = 1$ が成り立ち，$\mathbf{F}_{2^2} \in \alpha$ に対し，$2\alpha = 0, -\alpha = \alpha$ となることに注意する．また，$\mathbf{F}_{2^2} \supset \mathbf{F}_2$ であり，$\omega^2 = \omega + 1$ となる．

$$\mathbf{F}_{2^2} = \{0, 1, \omega, \omega + 1\}$$

とおいて，$\omega^2 = \omega + 1$ を用いて足し算（和）と掛け算（積）の演算表を作る．

和の演算表

+	0	1	ω	$\omega + 1$
0	0	1	ω	$\omega + 1$
1	1	0	$\omega + 1$	ω
ω	ω	$\omega + 1$	0	1
$\omega + 1$	$\omega + 1$	ω	1	0

積の演算表

×	0	1	ω	$\omega + 1$
0	0	0	0	0
1	0	1	ω	$\omega + 1$
ω	0	ω	$\omega + 1$	1
$\omega + 1$	0	$\omega + 1$	1	ω

たとえば，和については $\omega + (\omega + 1) = 1$，積については $\omega \times (\omega + 1) = \omega^2 + \omega = -1 = 1$ などである．これによって，$\mathbf{F}_{2^2}$ は 4 つの元を持つ体になる．

§3 有限体 $\mathbf{F}_q$ 上の数ベクトル空間

この節では,後の第 14 章で学ぶ符号理論に応用するため,有限体上のベクトル空間の理論を簡単に解説する.ここでは,有限体として前節で存在を述べた $\mathbf{F}_q$ を使用するが,$\mathbf{F}_q$ を前節で構成した有限体 $\mathbf{F}_p$ に置き換えて読んでいただいても差し支えない.n を自然数として

$$\mathbf{F}_q{}^n = \{x = (x_1, x_2, \cdots, x_n) \mid x_i \in \mathbf{F}_q \ (i = 1, 2, \cdots, n)\}$$

とおく.$\mathbf{F}_q{}^n$ の元 $(x_1, x_2, \cdots, x_n)$ を**ベクトル**といい,体 $\mathbf{F}_q$ の元を**スカラー**と呼ぶ.

$\mathbf{F}_q{}^n$ の 2 元

$$x = (x_1, x_2, \cdots, x_n), \quad y = (y_1, y_2, \cdots, y_n)$$

に対し,和を

$$x + y = (x_1 + y_1, x_2 + y_2, \cdots, x_n + y_n),$$

$c \in \mathbf{F}_q$ によるスカラー倍を

$$c \cdot x = (cx_1, cx_2, \cdots, cx_n)$$

と定義する.このような和とスカラー倍を持つ集合 $\mathbf{F}_q{}^n$ を有限体 $\mathbf{F}_q$ 上の $\boldsymbol{n}$ **次元数ベクトル空間**という.このベクトル空間も $\mathbf{R}$ 上の数ベクトル空間 $\mathbf{R}^n$ と同様に扱うことができる.

$\mathbf{F}_q{}^n$ の部分集合 V が,$\mathbf{F}_q{}^n$ に与えられた和とスカラー倍によって閉じているとき,つまり,

(i) 任意の $v_1, v_2 \in V$ に対し,$v_1 + v_2 \in V$,

(ii) 任意の $\alpha \in \mathbf{F}_q$ と任意の $v \in V$ に対し,$\alpha v \in V$,

が成り立つとき，V を $\mathbf{F}_q{}^n$ の**部分空間**という．

部分空間 V の元 $v_1, v_2, \cdots, v_m$ が存在して，V の任意の元 x が
$$x = c_1 v_1 + c_2 v_2 + \cdots + c_m v_m \quad (c_i \in \mathbf{F}_q)$$
とただ一通りに表されるとき，$v_1, v_2, \cdots, v_m$ を V の**基底**という．また，m を V の**次元**といい，$\dim_{\mathbf{F}_q} V$ と書く．基底 $v_1, v_2, \cdots, v_m$ は V のいわば座標系であり，$V \ni x$ を $x = c_1 v_1 + c_2 v_2 + \cdots + c_m v_m$ と表示したとき，$(c_1, c_2, \cdots, c_m)$ はこの座標系に関する x の座標にあたる．$\mathbf{F}_q{}^n$ の2つの部分空間 V_1, V_2 に対し，
$$V_1 + V_2 = \{v_1 + v_2 \mid v_1 \in V_1, v_2 \in V_2\}$$
とおき，V_1 と V_2 の**和空間**という．容易にわかるように，$V_1 + V_2$ は $\mathbf{F}_q{}^n$ の部分空間となる．ベクトル空間の次元の例をいくつか挙げておこう．

(1) $v \in \mathbf{F}_q{}^n, v \neq 0$ をとる．そのスカラー倍の全体を $\mathbf{F}_q v$ と書く：
$$\mathbf{F}_q v = \{av \mid a \in \mathbf{F}_q\}.$$
$\mathbf{F}_q v$ は $\mathbf{F}_q{}^n$ の部分空間であり，v は $\mathbf{F}_q v$ の基底である．なぜならば，$\mathbf{F}_q v$ の任意の元は av $(a \in \mathbf{F}_q)$ と一意的に表せるからである．とくに，$\mathbf{F}_q v$ の次元は1次元である．

(2) $\mathbf{F}_q{}^n$ において，
$$e_1 = (1, 0, 0, \cdots, 0),\ e_2 = (0, 1, 0, \cdots, 0),\ \cdots,\ e_n = (0, 0, 0, \cdots, 0, 1)$$
とおく．このとき，$\mathbf{F}_q{}^n$ は1次元部分空間 $\mathbf{F}_q e_i$ $(i = 1, 2, \cdots, n)$ の和空間となる：
$$\mathbf{F}_q{}^n = \mathbf{F}_q e_1 + \mathbf{F}_q e_2 + \cdots + \mathbf{F}_q e_n.$$
$e_1, e_2, \cdots, e_n$ は $\mathbf{F}_q{}^n$ の基底であり，$\mathbf{F}_q{}^n$ は n 次元である．この基底を $\mathbf{F}_q{}^n$ の**標準基底**という．

(3) $\mathbf{F}_2{}^4$ の部分空間
$$\begin{aligned} C &= \mathbf{F}_2(1,1,0,0) + \mathbf{F}_2(1,1,1,1) \\ &= \{(0,0,0,0), (1,1,0,0), (1,1,1,1), (0,0,1,1)\} \end{aligned}$$

において，$(1,1,0,0), (1,1,1,1)$ は C の基底となる．したがって，次元は 2 である．たとえば，$(0,0,1,1) = (1,1,0,0) + (1,1,1,1)$ は，$(0,0,1,1)$ の基底 $(1,1,0,0), (1,1,1,1)$ を用いたただ一通りの表示である．

　ベクトル空間において，次元は，ベクトル空間がどのくらい「広がり」を持つかを示す重要な量である．

13 生活と数学II——セキュリティー

♪ フランソワーズ・アルディ『告白』

1 セキュリティーと暗号

　暗号というと暗いイメージがある．戦争で敵に知られず連絡したり，国家の機密を通信で打ち合わせたり．第2次世界大戦中の日本軍のパープル暗号やドイツのエニグマ暗号は有名であり，それらを解読することが対戦国が作戦をたてるのに重要な役割を果たした．しかし，インターネットの発達した現在においては，暗号はもはや暗いイメージではなく，現代人の生活と密着したものとなってきた．日常生活で用いる通信のセキュリティーを守るために暗号はなくてはならないものなのである．電子署名，電子投票，電子マネーなどでも暗号は用いられる．

　暗号の歴史は古く，古代ギリシアに遡る．スキュタレーと呼ばれる木の棒を用いた暗号方式をスパルタの将軍達が用いたのが暗号が歴史に登場する最初であると言われている．これは，同じ太さの円い木の棒を2本用意し，1本を手許に残し，もう1本を地方に派遣する将軍に持たせる．通信する場合には，細く長いパピルスをその棒にずらしながら巻き付け，文章を棒の軸方向に書いていく．書き終わったら，そのパピルスを棒からはずし遠方の将軍におくる．パピルスに書かれた文章は縦に読むと一見でたらめであるが，将軍は持ってきた同じ太さの棒にそのパピルスを巻き付けて，軸方向に読んで

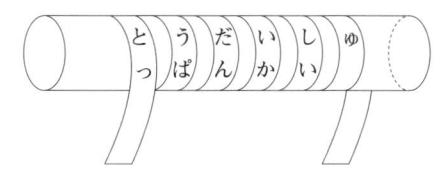

図 13.1

解読するのである（図 13.1 参照）．この手紙を途中で奪われても，文字の配列がばらばらであるため，解読するのは難しいという仕掛けである．

　代表的な暗号方式にシーザー暗号がある．これはアルファベットの文字を決まった数だけずらして用いる暗号である．たとえば，5 文字後にずらす暗号化を考えれば，

$$\text{TOKYO}$$

は

$$\text{YTPDT}$$

となる．この場合「TOKYO」を平文，「YTPDT」を暗号文，ずらす文字数「5」を鍵という．スタンレー・キューブリック監督の作品で『2001 年宇宙の旅』という映画がある．この中で宇宙船に積まれたコンピュータの名前は「HAL」であった．この名前がコンピュータで有名な企業「IBM」を前へ 1 文字ずらして作られたというのは有名な話である．シーザー暗号として用いられたわけではないがキューブリック監督のちょっとしたジョークであろう．

　現代ではコンピュータが発達しているのでこの程度の暗号化では簡単に解読されてしまう．そのため，解読の難しい暗号がさまざまと考案されている．1977 年，アメリカ商務省標準局は，暗号化のアルゴリズムは公開するが暗号化のための鍵は公開しないタイプの暗号方式を商業用に用いるために採用した．この **DES** (data encryption standard) と呼ばれる暗号方式は実用として用いられたが，コンピュータの発達によってこれも安全性の保証がなくなったため，**AES** (advanced encryption standard) の公募がなされ，2002 年にはベルギーの研究者が提案したラインドールが商業用の次期暗号システムとして採用されるに至っている．

　以上の暗号は，暗号化の鍵と解読するための鍵を，発信者と受信者が共有し

て用いる方式である．この方式の暗号を**共通鍵暗号**という．これに対し，ディフィーとヘルマンは，1976 年，暗号化の鍵を公開しても，多数の人の中で不特定の 2 人が暗号通信を行うことができるという理論を発表した．これが**公開鍵暗号**と呼ばれる暗号方式である．ここでは，たとえ強力なコンピューターを用いても，計算を完了するためには途方もない時間がかかり，したがって事実上解読できないのと同じであるという原理を用いる．その暗号方式の構成法は，素因数分解問題の困難に基づくものと離散対数問題の困難に基づくものが代表的である．このような公開鍵暗号を構成するために，整数論が有効に使われている．

§ 2　準備

この節では，公開鍵暗号の解説をするための数学的準備を行う．p, q を 2 つの素数とする．可換環 $\mathbf{Z}/pq\mathbf{Z}$ を考え

$$(\mathbf{Z}/pq\mathbf{Z})^* = \{\bar{a} \mid a \in \mathbf{Z},\ ab \equiv 1 \pmod{pq} \text{ となる整数 } b \text{ が存在する}\}$$

とおく．これは，可換環 $\mathbf{Z}/pq\mathbf{Z}$ の元のうち，乗法に関する逆元を有するもの全体の集合である．すなわち，$\bar{a} \in (\mathbf{Z}/pq\mathbf{Z})^*$ であるための必要十分条件は，$\bar{b} \in (\mathbf{Z}/pq\mathbf{Z})^*$ が存在して

$$\bar{a}\bar{b} = \bar{1}$$

となることである．また，

$$ab \equiv 1 \pmod{pq},\ a'b' \equiv 1 \pmod{pq}$$

ならば，前章の第 1 節から

$$aa'bb' \equiv 1 \pmod{pq}$$

だから，

$$\bar{a},\ \bar{a}' \in (\mathbf{Z}/pq\mathbf{Z})^* \implies \bar{a}\bar{a}' \in (\mathbf{Z}/pq\mathbf{Z})^*$$

となる．すなわち，$(\mathbf{Z}/pq\mathbf{Z})^*$ は乗法に関して閉じている．$\mathbf{Z}/pq\mathbf{Z}$ は

$$\bar{0}, \bar{1}, \bar{2}, \cdots, \overline{pq-2}, \overline{pq-1}$$

からなり，その元数は pq 個である．そのうち，$(\mathbf{Z}/pq\mathbf{Z})^*$ に入る元数は $0 \leqq a \leqq pq-1$ なる整数 a で pq と互いに素なものの数に等しいから

$$(p-1)(q-1)$$

個である．このことから，フェルマーの小定理の一般化として $\bar{a} \in (\mathbf{Z}/pq\mathbf{Z})^*$ ならば，

$$a^{(p-1)(q-1)} \equiv 1 \pmod{pq}$$

が成り立つ．a が pq と互いに素ではない場合も，この一般化を用いれば，任意の自然数 s に対して

$$a^{(p-1)(q-1)s+1} \equiv a \pmod{pq}$$

が成り立つことがわかる．つまり，pq より小さいどのような正の整数 a をとっても，$(p-1)(q-1)s+1$ 乗すれば，pq で割った余りが a に戻るということである．次節でこの事実を RSA 暗号に用いる．

例として，2 つの素数が $p=41, q=47$ の場合を考え，$n=pq=1927$ とおく．このとき，$(p-1)(q-1)=1840$．$a=192$ をとれば，192 は 41, 47 で割り切れないから $192 \in (\mathbf{Z}/1927\mathbf{Z})^*$ である．このとき

$$192^{1840} \equiv 1 \pmod{1927}$$

を得る．したがって，両辺に 192 を掛けて，

$$192^{1840+1} \equiv 192 \pmod{1927}$$

が成り立つ．また，$a=82$ のように，$p=41$ で割り切れる場合にも，

$$82^{1840+1} \equiv 82 \pmod{1927}$$

が成り立つ．

3 RSA暗号

公開鍵暗号の代表的な例である **RSA 暗号** の紹介をしよう．この暗号は 1978 年にリヴェスト，シャミア，アドルマンによって発表された．RSA 暗号は，2 つの大きな素数の積は素因数分解することが困難であるということに基づく公開鍵暗号である．ユーザー B が暗号を送信し，ユーザー A が受信し秘密情報を得るという設定である．

まず，ユーザー A は大きな素数 p, q を選び，$n = pq$ とおく．自然数 e で

$$ed \equiv 1 \pmod{(p-1)(q-1)}$$

となる元 d が存在するものをランダムに選ぶ．e を $(p-1)(q-1)$ と互いに素に選べばこのような d は必ず存在する．そこで，n, e を公開する．

$$公開: n, e$$

ユーザー A は p, q, d を秘密鍵として，秘匿しておく．

ユーザー B がユーザー A に平文 $1 < M < n$ を送信するために，

$$M^e \pmod{n}$$

を計算し暗号化する．十分大きな素数 p, q を選んでおけば，n の因数分解が困難であるため第三者は $(p-1)(q-1)$ を計算できず，d も計算できない．したがって，$M^e \pmod{n}$ から M を復元できないが，ユーザー A は n の因数分解を知っているため d が計算でき，$(M^e)^d \equiv M \pmod{n}$ によって，平文 M を復元できるのである．

実際に復元できていることをチェックしておこう．$ed \equiv 1 \pmod{(p-1)(q-1)}$ だから，ある整数 s があって

$$ed = (p-1)(q-1)s + 1$$

となる．したがって，前節で述べた結果を用いて

図 13.2 の説明:
- A: 公開鍵 $n=1927, e=17$
- 暗号文 $192^{17} \equiv 873 \pmod{1927}$
- 平文 $M=192$
- B

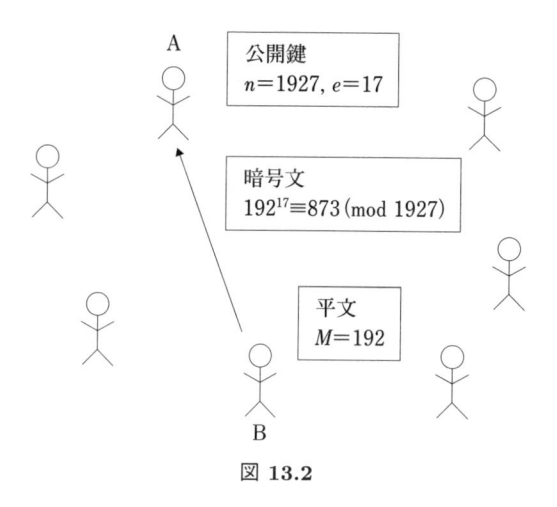

図 **13.2**

$$M^{ed} \pmod{n} \equiv M^{(p-1)(q-1)s+1} \pmod{n}$$
$$\equiv M \pmod{n}$$

となる．

RSA暗号の例を挙げよう．$p=41, q=47$ の場合を考える．$n=pq=1927$ である．このとき，$(p-1)(q-1)=1840$．$e=17$ と選べば，

$$1840 = 108 \times 17 + 4, \ 17 = 4 \times 4 + 1$$

から，

$$17 \times 433 = 4 \times 1840 + 1$$

を得る．よって，$d=433$ とすれば，

$$17 \times 433 \equiv 1 \pmod{1840}$$

となる．平文 $M=192$ をこのシステムで暗号化すれば，

$$M^e = 192^{17} \equiv 873 \pmod{1927}$$

となる．ユーザー B は暗号文 873 をユーザー A に送る．ユーザー A は

♮ 3 RSA暗号

$$873^d = 873^{433} \equiv 192 \pmod{1927}$$

によって平文 $M = 192$ を復元する(図 13.2).

この例のような大きさの素数 p, q では簡単に n が素因数分解できてしまうから,この RSA 暗号は簡単に破られてしまう.実際に RSA 暗号を用いるときは,もっと大きな素数を用いなければならないことは言うまでもない.

4 エルガマル暗号

p を素数とし,$\mathbf{F}_p = \mathbf{Z}/p\mathbf{Z}$ の原始元 g を 1 つ選ぶ.つまり,g のべき乗が $\mathbf{Z}/p\mathbf{Z}$ の $\bar{0}$ 以外の元を尽くすとする.このとき,g^n を p で割った余り r を計算し $\bar{r} \in \mathbf{Z}/p\mathbf{Z}$ を確定することは,コンピュータにとってやさしい仕事である.しかし,逆に $\bar{r}$ から n を計算することは,p が巨大な素数の場合,コンピュータにとっても途方もなく時間のかかる問題である.この問題を **離散対数問題** という.

$$a \equiv g^r \pmod{p},\ 1 \leqq r \leqq p-1$$

となるとき,r を a の **離散対数** と呼び

$$\mathrm{ind}_g a = r$$

と書く.$1 \leqq a \leqq p-1$ ならば,a の離散対数 r で $1 \leqq r \leqq p-1$ となるものがただ 1 つ存在する.

$p = 11$ の場合,原始根 2 を用いた離散対数の例を計算してみよう.

	1	2	3	4	5	6	7	8	9	10
ind_2	10	1	8	2	4	9	7	3	6	5

エルガマルは,1985 年,この離散対数を用いる暗号を発表した.これが **エルガマル暗号** と呼ばれる公開鍵暗号である.ここでも,ユーザー B が暗号を送信し,ユーザー A が受信し秘密情報を得るという設定で説明しよう.

p を大きな素数,g を $\mathbf{F}_p$ の原始根とする.ユーザー A は

$$1 \leq x \leq p-1$$

なる整数 x をランダムに選び，秘密鍵とする．さらに，

$$g^x \equiv y \pmod{p}, \quad 1 \leq y \leq p-1$$

を計算し，y を公開する．

公開：y.

ユーザー B はユーザー A に平文 $M \in \mathbf{Z}/p\mathbf{Z}$ を送信するために，乱数 r を選ぶ．

$$c_1 \equiv g^r \pmod{p}, \quad 0 \leq c_1 \leq p-1,$$

および

$$c_2 \equiv y^r M \pmod{p}, \quad 0 \leq c_2 \leq p-1$$

によって暗号化し，

$$(c_1, c_2)$$

のペアをユーザー A に送る．第三者は，離散対数を計算することが困難であることから，y から x を計算できないために暗号を解読できない．ユーザー A は，

$$M \equiv c_2/c_1^x \pmod{p}, \quad 0 \leq M \leq p-1$$

によって，平文 M が復元できるのである．

実際に復元できていることをチェックしておこう．フェルマーの小定理から，

$$c_1^x \equiv (g^r)^x \pmod{p}$$
$$\equiv y^r \pmod{p}$$

よって，

$$c_2/c_1^x \pmod{p} \equiv y^r M/y^r \pmod{p} \equiv M \pmod{p}$$

となって，M が復元される．

エルガマル暗号の使用例を挙げよう．$p=71$ の場合を考える．$g=7$ は $p=71$ の原始根である．$x=5$ とし，ユーザー A は $x=5$ を秘密鍵とする．

$$7^5 \equiv 51 \ (\mathrm{mod}\ 71)$$

だから，$y = 51$ を公開鍵として公開する．ユーザー B はユーザー A に平文 $M = 25$ を秘密裏に送信したいとする．そのために，たとえば $r = 8$ を選ぶ．

$$7^8 \ (\mathrm{mod}\ 71) \equiv 27 \ (\mathrm{mod}\ 71)$$

より $c_1 = 27$ とし，

$$51^8 \times 25 \ (\mathrm{mod}\ 71) \equiv 3 \ (\mathrm{mod}\ 71)$$

より $c_2 = 3$ として，暗号文

$$(c_1, c_2) = (27, 3)$$

をユーザー A に送る．

$$M \equiv c_2/c_1^5 \ (\mathrm{mod}\ 71) \equiv 3/27^5 \ (\mathrm{mod}\ 71) \equiv 3/20 \ (\mathrm{mod}\ 71)$$

だから，ユーザー A は，71 を 20 で割って商が 3，余り 11 から始めて，次のような割り算をする（最大公約数を求めるユークリッドの互除法の類似）：

$$\begin{array}{lll} 71 = 3 \times 20 + 11 & より & 11 = 71 - 3 \times 20, \\ 20 = 1 \times 11 + 9 & より & 9 = 20 - 1 \times 11, \\ 11 = 1 \times 9 + 2 & より & 2 = 11 - 1 \times 9, \\ 9 = 4 \times 2 + 1 & より & 1 = 9 - 4 \times 2. \end{array}$$

したがって，

$$\begin{aligned} 1 &= 9 - 4 \times (11 - 1 \times 9) = 5 \times 9 - 4 \times 11 = 5 \times (20 - 1 \times 11) - 4 \times 11 \\ &= 5 \times 20 - 9 \times 11 = 5 \times 20 - 9 \times (71 - 3 \times 20) = 32 \times 20 - 9 \times 71 \end{aligned}$$

より $1 \equiv 32 \times 20 \ (\mathrm{mod}\ 71)$ を得るから，$\overline{20}$ の逆元 $\overline{32}$ が計算でき，

$$3 \times 32 \ (\mathrm{mod}\ 71) \equiv 25 \ (\mathrm{mod}\ 71)$$

によって平文 $M = 25$ を復元できるのである．

公開鍵暗号を構成するには，積などの演算が重要な役割を演ずることは，これまでの例でおわかりいただけたであろう．1985 年，コブリッツとミラーは，代数幾何学に現れる楕円曲線という演算の構造を有する曲線を用いて公開鍵暗号が構成できることを発見した．この暗号を**楕円曲線暗号**という．この方法は，ふつうの乗法を用いる場合と比較して，安全性を保ちつつ用いる素数の桁数を 2 桁程下げることができ，最近では実用の域に達している．さらに一般の代数曲線を用いる方法も開発されている．しかし，量子コンピュータが発達すれば，ここで述べた公開鍵暗号はすべて解読されてしまうことが知られており，さらに強力な量子暗号などの研究も進められている．暗号に興味を持たれた方のために一般向きの暗号の解説書を参考文献として 2 冊挙げておく．

参考文献

[1] 太田和夫・國廣昇，『ほんとうに安全? 現代の暗号』，岩波書店，2005．
[2] 辻井重男，『暗号』，講談社，1997．

14 生活と数学III——デジタル

♪ 初音ミク『私はピアノ』

♪1 デジタルの数学

　コンピュータの発達とともにデジタルがアナログをおさえて急速に普及してきた．CD，CD-ROM，カメラ，ビデオを始め，電話，テレビに至るまでデジタル化の波は押し寄せている．そのようなデジタル機器に欠かせない数学が符号理論である．デジタル信号に起こりがちな小さな誤りを訂正するこの理論によって，デジタル機器の安定した作動が保証される．

　CDの場合には，凹凸のある螺旋状の軌道が作られており，レーザー光線をあて，反射光によって凹凸をチェックする仕組みになっている．平坦な部分が0，高さの変化する位置を1としてデジタル化してある．CDには小さな傷はつきものであるから，これによって生じるデジタルの誤りを修正する必要があり，その修正のために誤り訂正符号が組み込まれている．

　宇宙での通信を例にとり，誤り訂正符号の原理を説明しよう．たとえば，1977年に打ち上げられた外惑星探査機ボイジャー2号の送信システムには，正確な写真を地球に送るためにゴーレイ符号が組み込まれていた．写真はデジタル信号で地球に送られる．その信号が通信経路の途中で何の障害もなく地球にとどけば，正確な写真が再現されるであろう．しかし，途中で妨害を受け地球で受信された信号がもとのものとは違っている可能性も少ない確率

ではあるが存在する．そこで誤り訂正符号を組み込んで，受信された信号から正しい情報をよみとり，正確な写真を再現するのである．

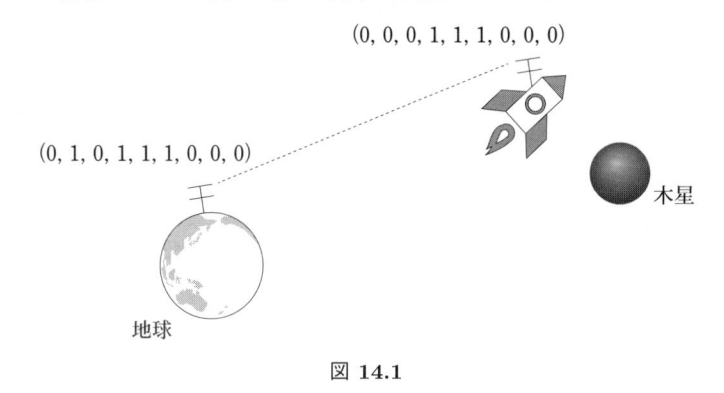

(0, 0, 0, 1, 1, 1, 0, 0, 0)

(0, 1, 0, 1, 1, 1, 0, 0, 0)

木星

地球

図 14.1

状況を簡単にした例を挙げよう．信号は，数字 0 と 1 からなるとする．送信したい 1 つの信号が $(0, 1, 0)$ であるとき，同じ数字を 3 個ずつ重ねて送ることにする．つまり，この例ではこの信号を

$$(0, 0, 0, 1, 1, 1, 0, 0, 0)$$

として送信する．このように無駄な情報を追加しておけば，どこか 1 箇所でエラーが生じても，多数決でもとの信号が再現できるわけである．たとえば

$$(0, 1, 0, 1, 1, 1, 0, 0, 0)$$

なる信号を受信した場合もとの信号は $(0, 0, 0, 1, 1, 1, 0, 0, 0)$ であったことが高い確率で推定されるであろう（図 14.1）．

このように，余分な情報を付け加えることによって誤りをチェックするという考え方は身近なところでも用いられている．たとえば受験番号で 100A, 101B, 102C というような番号付けがしばしば用いられるが，これらの番号付けにおいて A, B, C などは余分な情報である．しかし，たとえば 102C を誤って 100C とコンピュータに入力したとすれば，そのような番号は存在しないから，数字の入力を誤ったことがチェックできる．このように誤りをチェックするシステムを**誤り検出符号**という．

CD や写真を送る場合には，誤りを検出するだけではなく，誤りを訂正するシステムが必要になる．このような誤り訂正符号の理論の基礎になるのはすでに学んだ有限体という代数系に基づく数学である．本章では，それに基づいて符号理論がどのように構成され，誤り訂正がどのような原理で行われるかについて解説する．

2 符号理論

第 1 節の例で見たように，送信者は情報を符号器で誤り訂正のできる信号にかえ，それを送信する．受信者は受信した信号を復号器にかけ，正しい信号を再現し，正確な情報を得るのである．有限体 $\mathbf{F}_q$ 上の n 次元横数ベクトル空間 $\mathbf{F}_q{}^n$ の元 $(x_1, x_2, \ldots, x_n)$ を**語**（または，アルファベット）と呼ぶ．$\mathbf{F}_q{}^n$ の部分集合 C を**符号**といい，n を C の**符号長**という．C の元を情報の語として用い，冗長部分 $\mathbf{F}_q{}^n \setminus C$ を誤り訂正に用いる．C が大きい方が多くの情報を伝えることができ，$\mathbf{F}_q{}^n \setminus C$ が大きいほうが一般に誤り訂正能力が高い．相反するこの両方の条件を満たす，できるだけ効率のよい符号を作ることをめざすのである．

どのくらいエラーが発生したかを調べる手段として，$\mathbf{F}_q{}^n$ にエラーの大きさをはかる尺度を導入したい．そのために，距離の概念を復習しよう．

3 次元ユークリッド空間 $\mathbf{R}^3$ の 2 点 $P = (x_1, x_2, x_3)$, $Q = (y_1, y_2, y_3)$ の距離

$$d(P, Q) = \sqrt{(x_1 - y_1)^2 + (x_2 - y_2)^2 + (x_3 - y_3)^2}$$

は距離の典型的例である．この距離は次の 3 つの性質を満たす．

(i) $d(x, y) \geqq 0$. また，$d(x, y) = 0 \Leftrightarrow x = y$.
(ii) $d(x, y) = d(y, x)$.
(iii) [三角不等式] $d(x, y) + d(y, z) \geqq d(x, z)$.

距離にとって本質的なのはこの 3 つの性質であり，数学ではこの 3 つの性質

を持つ $d(x,y)$ を距離と呼ぶ．また，集合 X にこのような距離 $d(x,y)$ が定義されているとき，X を距離空間という．このことを念頭に置いて，$\mathbf{F}_q{}^n \ni x = (x_1,\ldots,x_n), y = (y_1,\ldots,y_n)$ に対し

$$d(x,y) = \sharp\{1 \leqq i \leqq n \mid x_i \neq y_i\}$$

と定義する．ここに，集合 S に対して $\sharp S$ で S の元の数を表す．この $d(x,y)$ が距離の性質 (i)(ii)(iii) を満たすことは容易にチェックできる．そこで，この $d(x,y)$ を $\mathbf{F}_q{}^n$ の距離として，**ハミング距離**と呼ぶ．

たとえば，$\mathbf{F}_2{}^5$ において，$x = (1,0,1,0,0), y = (1,0,0,0,1)$ とでは 2 つの成分が異なるから，$d(x,y) = 2$ となる．言い換えると，$x = (1,0,1,0,0)$ を送信し $y = (1,0,0,0,1)$ を受信したとすれば，ハミング距離 $d(x,y) = 2$ 個だけの誤りが成分に生じたことになる．

$z \in \mathbf{F}_p{}^n$ と自然数 r に対して

$$B_r(z) = \{x \in \mathbf{F}_p{}^n \mid d(z,x) \leqq r\}$$

を z を中心とする半径 r の**球**と呼ぶ．

また，$\mathbf{F}_p{}^n$ の部分集合 C に対し，その**最小距離** d を次のように定義する：

$$d = \min\{d(x,y) \mid x,y \in C, x \neq y\}.$$

ここに，min は最小値を表す．

たとえば，$\mathbf{F}_2{}^4 \supset C = \{(0,0,0,0),(1,0,1,0),(0,1,0,1),(1,1,1,1)\}$ とすれば，C の最小距離は $d = 2$ である．

最小距離は符号の復号能力に関係する．実際，エラー訂正は，次のようにして行う．符号 C の最小距離を d とし，$2e < d$ を満たす最も大きい整数を e とする．C の元を中心とする半径 e の球を考えると，d の定義によって，それらの球には互いに共通部分がない．したがって，これらの球に入る元で C の元になるのは球の中心の元だけであることに注意しよう．C のある元が情報として発信されたとき，受信した符号がそれらの球のいずれかに入れば，受信した符号に距離的に一番近いその球の中心である C の元が送信された元で

𝄞 2 符号理論　　*153*

ある確率が最も高い．そこで，その球の中心が発信された元であるとして復号するのである．エラーが e 個までならば，もとの球に入り，エラーを正しく訂正できることになる（図 14.2）．この復号法を**限界距離復号法**という．

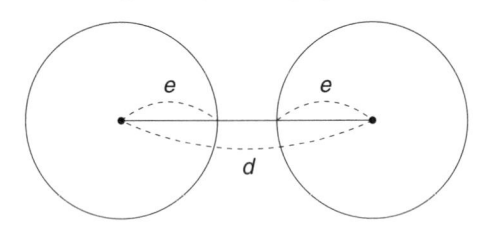

図 14.2

$\mathbf{F}_p{}^n$ の部分集合として定義される符号は扱いが難しい．そこで，符号として C が $\mathbf{F}_p{}^n$ の部分空間である場合を考えることが多い．部分空間である符号 C を**線型符号**という．線型符号 $C \subset \mathbf{F}_q{}^n$ の次元が k で，その最小距離が d のとき，C を $[n, k, d]$-**符号**という．

線型符号の場合，最小距離の計算量を次のようにして減らすことができる．まず，$\mathbf{F}_p{}^n$ の元 x に対し

$$w(x) = d(x, 0)$$

とおいて，これを x の**重さ**という．線型符号 C の**最小重み** w を

$$w = \min\{w(x) \mid x \in C, x \neq 0\}$$

によって定義する．このとき，線型符号 C の最小距離 d は，最小重み w に等しい．

$d = w$ であることは，$d(x, y) = d(x - y, 0)$ を用いて，$x, y \in C$, $x \neq y$ なる条件の下に，$d(x, y) = d(x - y, 0)$ の両辺の最小値を考えれば示せる．この結果から，線型符号の場合には最小距離を計算するには最小重みを計算すればよく，計算量が大幅に減る．

線型符号 C の重要な量は，符号長 n，次元 k，最小距離 d の 3 つの量であり，それらが決まれば符号 C の性能は決まる．**伝送率** $R = k/n$ と**相対最小距離** $\delta = d/n$ が大きいほど，一般には能率のよい符号といえる．n, k, d は

まったく独立な値をとれるわけではなく，k と d を両方とも大きくすることは難しい．$[n,k,d]$-符号 C に対して次のような不等式が知られている．

(1) [ハミング限界式] t を $(d-1)/2$ の整数部分とすれば，
$$k \leqq n - \log_q \left(\sum_{i=0}^{t} \binom{n}{i}(q-1)^i \right)$$
が成り立つ．ただし，$\binom{n}{i}$ は二項係数である．

(2) [シングルトン限界式] $d \leqq n - k + 1$.

(3) [プロトキン限界式] $d \leqq nq^k(q-1)/(q^k-1)q$.

(4) [グリースマ限界式] $\lceil a \rceil$ を実数 a 以上の最小の整数とすれば，
$$n \geqq \sum_{i=0}^{k-1} \lceil d/q^i \rceil$$
が成り立つ．

例として，グリースマ限界式を用いて，$\mathbf{F}_2$ 上の $[12,6,5]$-線型符号の存在を調べてみよう．$q=2, n=12, k=6, d=5$ だから，グリースマ限界式の右辺は

$$5 + \lceil 5/2 \rceil + \lceil 5/4 \rceil + \lceil 5/8 \rceil + \lceil 5/16 \rceil + \lceil 5/32 \rceil = 5 + 3 + 2 + 1 + 1 + 1 = 13$$

これは，$n=12$ を超えているから，グリースマ限界式を満たさない．ゆえに，$[12,6,5]$-線型符号は存在しないことがわかる．

これらの限界式以外にもさまざまな限界式が工夫されている．

3 線型符号の例

線型符号の具体的な例をいくつか挙げてみよう．

$\mathbf{F}_2{}^3$ の部分空間

$$C = \mathbf{F}_3(1,1,1) = \{(0,0,0), (1,1,1)\}$$

を考える．この部分空間の次元は1．最小重みは元 $(1,1,1)$ が与えるから，最小重みは3．したがって，C は $[3,1,3]$-線型符号である．この例では，$(3-1)/2 = 1$ となるから，符号 C は1個の誤りを訂正できる．

次の例として，$\mathbf{F}_2{}^5$ の部分空間

$$C = \{(0,0,0,0,0), (1,1,1,0,0), (1,0,0,1,1), (0,1,1,1,1)\}$$

を考える．ベクトル $(1,1,1,0,0)$, $(1,0,0,1,1)$ が部分空間 C の基底を与えるから，この部分空間 C の次元は2である．最小重みは元 $(1,1,1,0,0)$ と $(1,0,0,1,1)$ が与え，$w = 3$ である．したがって，C は $[5,2,3]$-線型符号である．$e = (3-1)/2 = 1$ であるから，この符号は1個の誤りを訂正できる．

$[7,4,3]$-ハミング符号は次のように構成される．3次元ベクトル空間 $\mathbf{F}_2{}^3$ の $(0,0,0)$ 以外の元は，

$$(1,0,0), (0,1,0), (1,1,0), (0,0,1), (1,0,1), (0,1,1), (1,1,1)$$

の7個である．これを縦ベクトルとして並べて $(3,7)$ 型の行列 H を作る．

$$H = \begin{pmatrix} 1 & 0 & 1 & 0 & 1 & 0 & 1 \\ 0 & 1 & 1 & 0 & 0 & 1 & 1 \\ 0 & 0 & 0 & 1 & 1 & 1 & 1 \end{pmatrix}.$$

H には一次独立な3個の列ベクトルが存在するから，H のランクは $\mathrm{rank}\, H = 3$ である．

H の転置行列を ${}^t H$ と書き，

$$C = \{x \in \mathbf{F}_2{}^7 \mid x\, {}^t H = 0\}$$

とおく．H を C のパリティー検査行列という．$\mathrm{rank}\, H = 3$ だから，一次方程式の理論から $\dim_{\mathbf{F}_2} C = 7 - 3 = 4$ となる．H の任意の2つの列の和は0にならないから，C の元の最小距離は少なくとも3以上である．

$$x = (1,1,1,0,0,0,0) \in \mathbf{F}_2{}^7$$

を考えれば $w(x) = 3$ で, $x\,^t H = 0$ ゆえ x は C の元である. したがって, C の最小距離は 3 に等しく, C は $[7,4,3]$-線型符号となる. この符号を用いれば 1 個の誤りが訂正できる. この符号を $[7,4,3]$-ハミング符号という.

次に, 有名なリード–ソロモン符号を紹介しよう. $a_1, a_2, \cdots, a_n$ を $\mathbf{F}_q$ の相異なる元とし, k を $k \leq n$ なる自然数とする. x を変数とし, 次数が k 未満の $\mathbf{F}_q$ 係数多項式全体を P_k とする. P_k は, $\mathbf{F}_q$ 上の k 次元ベクトル空間になる. 線型写像

$$\begin{array}{rccc}\varphi: & P_k & \longrightarrow & \mathbf{F}_q^n \\ & f(x) & \mapsto & (f(a_1), f(a_2), \cdots, f(a_n))\end{array}$$

を考え,

$$C = \operatorname{Im} \varphi = \{(f(a_1), f(a_2), \cdots, f(a_n)) \mid f(x) \in P_k\}$$

とおく. C は $\mathbf{F}_q{}^n$ の部分空間である. この C をリード–ソロモン符号 (Reed-Solomon code, RS 符号) という.

$\varphi(f(x)) = (0, 0, \cdots, 0)$ ならば, $f(a_1) = f(a_2) = \cdots = f(a_n) = 0$ だから $f(x) = 0$ は少なくとも n 個の解を持つ. しかし, $f(x)$ は k 次未満の多項式で, $k \leq n$ だから, $f(x)$ が恒等的に 0 でなければこれは不可能である. したがって, $f(x)$ は恒等的に 0 となる. つまり, φ は P_k と C の 1 対 1 の対応を与え, この φ によって P_k は C と同一視でき, C の次元は k となる. また, $k-1$ 次多項式の零点は $k-1$ 個以下だから, $f(x) \in P_k$ に対し $\varphi(f(x))$ の重みは $n-(k-1) = n-k+1$ 以上となり, C の最小距離 $d \geq n-k+1$ を得る. 他方, シングルトン限界式より, $d \leq n-k+1$ だから, $d = n-k+1$ となる. したがって, リード–ソロモン符号は $[n, k, n-k+1]$-線型符号である. このように, シングルトン限界式で等号が成り立つ符号を**最大距離分離符号** (maximun distance separable code, MDS 符号) という.

同様の発想でリード–マラー符号をうる. n を自然数として, $\mathbf{F}_2{}^n$ なる空間を考える. $\mathbf{F}_2{}^n$ は 2^n 個の点を含むが, それらを

$$P_1, P_2, \cdots, P_{2^n}$$

とする. $x_1, x_2, \cdots, x_n$ を変数とし, $\mathbf{F}_2$ を係数とする r 次以下の多項式で, 各項が各変数について 1 次以下であるもの全体を M_r とする. ここに, $r \leqq n$ とする. M_r は, 1 と $x_{i_1} x_{i_2} \cdots x_{i_t}$ $(1 \leqq i_1 < i_2 < \cdots < i_t \leqq n, 1 \leqq t \leqq r)$ を基底とするベクトル空間である. その次元は

$$\sum_{i=0}^{r} \binom{n}{i}$$

に等しい. すでに述べたように, $\binom{n}{i}$ は二項係数である. 線型写像

$$\begin{array}{rccc}\varphi: & M_r & \longrightarrow & \mathbf{F}_2^{2^n} \\ & f(x) & \mapsto & (f(P_1), f(P_2), \cdots, f(P_{2^n}))\end{array}$$

を考え, その像を RM(r,n) とおき, リード–マラー符号 (Reed-Muller code, RM 符号) という. この符号は $(2^n, \sum_{i=0}^{r} \binom{n}{i}, 2^{n-r})$-線型符号になることが知られている.

　符号理論の歴史について触れておく. 符号理論は 1948 年のシャノンの論文に端を発する. 彼は, ある条件が満たされれば, 符号長を大きくするに従い, いくらでも高い信頼性で情報を伝達できる, という驚くべき結果を示した. 具体的な符号としては, 1950 年にハミング符号が構成された. この符号はコンピュータの記憶装置の誤り訂正のために構成された 1 個の誤りを訂正する符号である. その後, 新しい符号が各種考案されていく. 代表的なものの名前だけを列挙すれば, 1957 年には巡回符号が, 1959 年には BCH 符号が, 1960 年にはリード–ソロモン符号 (RS 符号) が構成され, 線型符号の理論の中で重要な位置を占めることとなる. とくに, リード–ソロモン符号は CD や CD-ROM, QR コードなどの誤り訂正符号として利用されている. これに伴い, 効率のよい復号法も開発された. 1971 年にはゴッパによりゴッパ符号が考案された. この符号は, 代数幾何学という抽象度の高い数学が符号理論に応用される契機となった. その後, ゴッパは代数曲線を用いて代数幾何符号を構成し, 符号理論において従来の数学では示せなかった事実が代

数幾何符号を用いて示されるという現象も見つかっている．ここではこれ以上立ち入れないので，符号の本格的な理論については専門書をご参照いただきたい（たとえば，参考文献 [1], [2]）.

参考文献

[1] 今井秀樹，『符号理論』，電子情報通信学会，1990.
[2] 藤原良・神保雅一，『符号と暗号の数理』，共立出版，1993.

15 文化と数学

♪ エマーソン,レイク,パーマー『展覧会の絵』

　これまでも予告してきたとおり本章は,岡本和夫,薩摩順吉,桂利行の3名の著者による鼎談である.ここでは,これまで学んできたことを基礎に,もう一度自然現象の後ろに隠れている数学,社会の根底で生活を支えている数学について考えてみたい.さまざまな主題が登場しているが,これを参考にして,今後の学習の方向を決めていただければ幸いである.
　本章の内容も,実際の鼎談に基づいて,これを書き直したものである.

1　コンピュータと数学

　岡本　これから「文化と数学」というテーマについて,3人でいろいろな話をします.まず「文化と数学」という題の意味ですが,これまで自然と数学,社会と数学,それぞれのかかわりをテーマとして追ってきました.そこで,これらをまとめることと,もう一度より広い視野から見直すことを考え,テーマを決めました.
　「文化と数学」について話しながら,現在の最先端の話題も含めて,いままで紹介してきたことがこれからどういう方向に発展していくのかなど,いろいろな話題に触れていきます.
　ガリレオ・ガリレイは「数学は自然を表す言語である.自然は数学で書かれている」という意味のことを言っていますが,この言葉を拡大解釈して,広

く科学を含めてもよいだろう．というわけで，今日は，「文化は数学で書かれている」という問題提起から始めましょう．

　最初少し考えてみたいのは，やはり「コンピュータと数学」というテーマです．コンピュータは社会生活にも自然科学にも，あるいはもっと広い領域で利用され，逆に影響を与えている．このテーマから始めましょう．

薩摩　私の専門は，狭い意味では「非線型波動」です．つまり非線型の波を扱うという研究をしていますが，1960年代に大きなブレークスルーがありました．3つの言葉がこれを表します．3題目で，「カオス」，「フラクタル」，「ソリトン」です．この3つの分野いずれも現在では数学的に大きく展開しているわけだけれども，これらが発見されたきっかけはすべてコンピュータ，こういうことです．簡単に説明しましょう．まず，「ソリトン」とは孤立した波です．1つの波はそのまま形を変えずに伝わって行きますが，2つの波が衝突する状態を考える．一般には，2つの波が衝突したら壊れると思われるが，2つのソリトンは衝突してもそれぞれの形を変えずに——「個性を変えずに」という方がよいのですが——伝わる波である．

　まだコンピュータがない時代にも，実際に運河や海でソリトンらしいものは観測されてはいたけれど，2つの波が衝突するとその後どうなるかということはコンピュータ実験でしか再現できない．たまたまそういう状況を観測した人はいたかもしれないけれども，私達が見やすい形で再現し，数学的な解析が可能な状況を作ったのはコンピュータが初めてである．実際にクラスカル先生を中心としたグループが，コンピュータ上で，衝突に際して安定なソリトンを発見した．次に，この現象を扱う数学が「ソリトン」だけではなくて，もっと大きな意味を持つことがわかり，現在では「無限可積分系」というタイトルで研究されている広い分野に発展した．これがソリトンの話です．それから，カオスというのは——

岡本　これもよく聞く言葉ですね．

薩摩　第9章に図を入れましたが，葛飾北斎の版画，有名な「神奈川沖浪裏」です．いまにも壊れようとしている波の状態が鮮やかに描かれています．この波が壊れようとする状態には見事な自己相似構造が見えている．すなわち大きな形の中に，これと同じような小さい形があり，この繰り返しがずっ

と続いて存在している，自己相似構造が見える．こういう特徴のある性質を持つ構造について，コンピュータを使って実際に計算すると，そこには「カオス」という名前を付けて研究するのに値する立派な数学的構造があった．ところで，ポアンカレが「カオス」について何か言っていましたね．

岡本 ポアンカレは天体力学の三体問題，一般に多体問題を調べている段階で，いまならば「カオス」と言ってもよい現象に突き当たった．エルゴード性という名前で言い表した方がよいかもしれません．正確な言葉は覚えていませんが，「こんな複雑なものを見ることはできない」と言って，そこで終わった．彼の時代では確かにそれ以上仕方ない段階まで行き着いてしまった．

薩摩 だいたい 1900 年頃ですか．

岡本 ポアンカレが亡くなったのは 1912 年ですから，そのころですね．

薩摩 ポアンカレは見たかったが，彼でさえ見ることができなかったものが，私達はコンピュータを使うことによって再現できる．よく見ることができた，その結果として数学的構造がわかった．

もう 1 つ「フラクタル」が残っていますね．「フラクタル」とは先ほど述べた自己相似構造で，ここだけを取り出したものがフラクタル構造です．わかりやすい例として雪の結晶の自己相似構造があります．

大きい四角形の中に小さい四角形，これがずっと続いている．コンピュータを使って意識的に自己相似構造を作り出すこともできる．

桂 こういうのを複雑系と呼んでもよいのでしょうか．

薩摩 いまは複雑系という言葉で総称しますが，最初はフラクタル構造やカオスに注目して，そこにきわめて豊富な数学的構造があることがわかる，それで広く複雑系と捉えよう．これが，自然現象だけではなくて，社会現象，生命現象，広範な分野に適用されていく．

桂 海の海岸線を波が何回も何回も洗うと，浸食によって，数学的に非常におもしろい図形ができていく，そういう構造を取り扱う数学であると考えていいんですね．

薩摩 そうですね．海岸線は複雑なのだが，フラクタルという言葉と概念によって，それがどのような複雑さであるかということが議論できるようになった．結局，コンピュータがあって初めて，「カオス」，「フラクタル」，「ソ

リトン」の3つの概念が得られた，そう言ってよいのではないでしょうか．

　桂　為替レートの変動も非常に複雑な動きをする．ああいう現象も，このような数学の対象であると考えると，文化とか人間の営みとかなり関係している概念ですね．

　薩摩　最初は自然から導入されたことが社会に広がり，まさに文化全体に関わっている感じになりますが，そういうものを取り扱う数学が，コンピュータによって，実際に私達のものになってきた．そういう言い方ができるのではないでしょうか．

　桂　非常に複雑なわけだから，コンピュータがないとちょっと扱えそうな気がしませんね．

2　デジタル

　岡本　代数学は，抽象的で非常に美しい世界であるというわけですが，一方，コンピュータの中には代数学が詰まっていると言ってもよい．逆に，コンピュータを通じて，美しくかつ抽象的な代数学とは全然違う，非常に複雑な，為替レートや人間の振る舞い，このような複雑なものを見ることができる．このようなコンピュータの働きというのは，非常に不思議な感じがします．

　桂　とにかく処理が非常に速いですから，きわめて大量の計算を扱うことについては，コンピュータは人間の技をはるかに超えている．そこにコンピュータの活躍する場があるということでしょうね．昔は手計算でやる以外どうにもならなかったことが，最近では，代数幾何でも整数論でも，コンピュータを援用するとできることが少なくない．たとえば級数の係数を決めるなど，代数学の分野でも活躍しています．数式処理のソフトもずいぶん発達していますから，コンピュータを使って新しいことを発見するという代数学者もだんだん増えています．

　岡本　発見するための実験道具の1つになっている．

　桂　そうですね，考えるのは人間ですけれども，実例を計算してみないと本当かどうかを確信することができない．そこでコンピュータを利用して実

例を計算し，その結果ますます確信の度合いが深くなる，そういう道具として使われます．また，実際に解を構成するというときにも，きれいに計算できるはずのものはコンピュータでもきれいに計算できることが多いので，計算結果を予想するためにも使われたりします．波の研究，先ほどは「ソリトン」に触れていましたが，コンピュータ・シミュレーションで図を描き，それが時間とともにどういう変化をするか，このようなことを，実際にコンピュータを使って再現する．イメージを得るためにも，コンピュータ・シミュレーションの役割は大きい．

薩摩 ソリトンの発見は2つの波が相互作用している状態を，コンピュータの描く絵からわかったことです．非線型方程式を一般的に解く方法はないのです．このことは，非線型に関わるどのような分野でも同じでしょう．オイラーが昔言った通り，数学は実験である，だから，とりあえずコンピュータを道具として使う．実験の結果が出て，そのなかに何かおもしろい数学があれば，それを徹底的に調べる．代数学の分野でもそういう感じでよろしいのでしょうか．

桂 そういうコンピュータの使い方は，代数学でも同じです．ところで，先ほどから話題になっている「ソリトン」ですが，日本語では「孤立波」と言います．イギリスの運河でたまたま観測されたことですが，孤立した波がどこまでも進んで行った．この観測が，「ソリトン」を自然界から発見した最初ですね．

岡本 自然界の中に非線型現象――非線型という言葉も概念もなかったけれど――が現れることは，もちろん昔から知られていました．「ソリトン」と「フラクタル」については私自身にとって印象に残っていることがあります．まず，フラクタル的な地形です．その典型例としてよく挙げられる岩手県三陸のリアス式海岸，私も行ったことがありますが，三陸というと，津波を思い出します．チリ沖を震源とする大きな地震が原因となって起こった津波を覚えています．それよりも前，昭和の初期に三陸大津波が海岸線を襲いました．地形によって津波被害が大きくなるのですが，三陸海岸はフラクタル，また，津波はソリトン，海のソリトンです．フラクタルとソリトンは自然界では現実に結びついている．ただ，現象を現象として見るだけではなく

て，それを数学の言葉で書き直すことによって，さらにいろんなものが見えてくる[1]．

この場面でもコンピュータの果たす役割は大きい．つまり，自然現象，自然災害ならなおさら，もう一回再現することはできないけれど，コンピュータを利用すれば仮想的ではあれ，何回でも繰り返すことができる．誰でもコンピュータ上で見ることができる，このことの意味が大きいと思います．私自身も狭い意味の専門は可積分系ですから，いろいろなことに興味を持って調べています．

考えてみると，代数幾何とコンピュータとの関わりについては，実験以外にも大事な観点があります．もっと深くコンピュータの構造，さらに広くコンピュータの活用が可能にする社会の仕組み，こちらと直接結びついている，ということです．代数学の使われ方ということだったら，「CDで音楽を聴きながら，数学を聞いている」という，符号理論の話です．

桂 コンピュータもデジタルですから，動作中にエラーが起こる，そういうことがある．エラーが起きた場合にきちんと修正するために，エラー・コレクティング・コード，日本語で言えば「誤り訂正符号」を採用しています．デジタルの世界では欠かせないもので，ここには代数学に基づく数学が使われています．第11章から第14章までの内容について，そのキーワードは「デジタル」であるとしていただいたらよいと思います．

𝄞3 非線型

岡本 「デジタル」がキーワードの1つとして挙げられましたが，もう1つキーワードを付け加えるとするとなんでしょうか．

薩摩 コンピュータと数学との関わりについて話したときに，新しい概念として「カオス」，「フラクタル」と「ソリトン」という3つを挙げました．こ

---

[1] この鼎談が実際に行われた時点は，スマトラ沖の大地震と東日本大震災を私達が経験するよりも前だった．東日本大震災を経験したことは重大なことではあるが，本章ではあえてこの部分を書き直すことはしない．

れらはすべて非線型です．少し別の観点から非線型についてお話をさせていただきます．

第3章に述べてある一番簡単な微分方程式はマルサスの法則に関係するものです．つまり，ネズミ算の方程式です．あるものの増え方，仮にネズミの数の増え方とすると，ネズミの単位時間ごとの増加数はネズミの総数に比例する．方程式を書き下すために，時間変数を t，ネズミの総数を y とすると，比例定数を α と書けば

$$\frac{dy}{dt} = \alpha y$$

と表される．この方程式がネズミ算の方程式ですが，これは線型の式です．この式に従うとネズミの数は際限なく増える．

しかし現実にネズミが際限なく増えることはない．なぜなら，仮に1つの部屋の中にネズミが住んでいるとして，それがどんどん増殖すれば，何時かは部屋が一杯になって，それ以上増えようにも，

岡本 環境が制御してしまう．

薩摩 ストレスなど環境の影響で増加が止まる．この場合には，ネズミの総数の変化率が総数に比例するという仮定がもはや成り立たない．別の言い方をすると，上の方程式において増殖率 α が総数 y による．そうすると，ネズミの数 y が係数にも関係するから，方程式の右辺は y について1次の項だけでなくて，2次とか，場合によったら何次でもかまわないが，余計な項が付く．これが非線型の一番簡単なモデルです．

自然現象については，「ソリトン」は運河の孤立波として最初に発見され，三陸海岸では「フラクタル」と「ソリトン」が結びついている，このようにいたるところに非線型なものがあるということです．ネズミ算のモデルが教えてくれることは，ネズミが勝手に増えている場合は線型で十分，しかし他の影響やお互いの干渉も考えに入れてネズミの増え方を調べようとしたら，どうしても非線型方程式を考えなければいけない．生物の数だけではなくて，経済に関わることも同じです．数学的にきちんと取り扱うためには非線型は絶対欠かすことができない，そう思っています．非線型現象の解析は簡単ではないので，どのようにして調べるかということはこれからの問題として残

ります．この課題も全部含めた意味で，「非線型」がもう1つのキーワードです．

桂 世の中の多くの現象は非線型ですね．代数幾何学も線型で考えれば1次方程式で非常にやさしい．しかし多項式を考えれば非線型の世界だからなかなか難しいということになりますね．

岡本 非線型が難しいことはわかっているので，ほとんどの場合には線型で近似することが考えられる．つまり比較的扱いやすい線型で，元の非線型に近いものを探す．難しい曲線でもある点の近くだけ見れば直線に近いという方法が採られてきた．20世紀の後半頃から，非線型を非線型として扱うことができるようになった．

薩摩 コメントを一言付け加えると，そのような必要に迫られた，ということもあった．一例を挙げると，いま身近なソリトンとして光ソリトンがあります．光ファイバーでは信号を光として送っているが，大量の信号を送るためには，どうしても振幅の大きな光が必要です．光を送るときにはたとえばレーザーを使うが，昔のレーザーは出力がそんなに大きくなかったから，線型で十分議論ができた．

岡本 線型で近似ができたということですね．

薩摩 そうです．近似しても十分実用に耐え得る結果を出せた．ところが，高出力となると当然非線型の効果が無視できない．近似した結果が十分ではないならば，非線型方程式そのものを扱わなければいけない．このことが技術的にも要請されるようになった．このことも非線型方程式そのものを扱うようになった，その背景の1つであると私は思っています．

桂 非線型を見るためにもコンピュータが必要となる．コンピュータの発達が研究を進める上でかなり大きな要素になっているのでしょうね．

薩摩 当然ですね．非線型というのは一般には難しい，何とかしてそれを見たいとなればとりあえず実験する．コンピュータの上でないと実験することは不可能である．同じものを自然界に再現することはできなくても，コンピュータでは仮想的な実験を繰り返し行うことができる．同じデータを与えればコンピュータはまったく同じ結果をだす．まさにデジタルの世界だからできることで，さらに，条件を変えていろんな状況を作り出し，そこから本

質的な部分を取り出す．コンピュータがあることによって研究の方向がまったく変わったと言ってもよいのではないでしょうか．

岡本 マイクロチップなどは洗濯機や冷蔵庫，その他日用品にも埋め込まれているコンピュータですが，このおかげで私達の生活が快適なものになっています．そういう便利な生活を送る一方で，その便利さの恩恵は考えずに毎日を過ごしています．

桂 デジタルは普段は意識されないけれど，空気のように私達の生活に自然に溶け込んでいる．私の専門の代数幾何学もいろいろな分野と関係していることは何回か紹介しました．代数幾何符号はデジタルの世界に，楕円曲線暗号あるいは超楕円曲線暗号は暗号の世界に現れる．数学，社会現象，自然現象が混沌となって混ざり合い有機的に結びついている，このような状態を解明するために，数学は重要な役割を果たしているのではないでしょうか．

岡本 そういういろいろなものが混ざり合っているところは，学問的にもワクワクする部分であると思います．社会における数学の役割はますます増えていくと思いますが，今後はこうなるのではないかという予想がありましたらお話ください．

薩摩 「デジタル」は，私の立場から言っても大切なキーワードです．たとえば，回路を作ることを考えてみると，昔ならば導線は何ミリというスケールだから，これを考えていれば十分でした．現在必要な回路においては導線がきわめて細いので，量子力学的な効果を考える必要がある，

桂 ナノテクノロジーですね．

薩摩 量子力学を使わなければならない世界は，まさしくデジタルの世界ではないでしょうか．

𝄞 4　線型と非線型

岡本 量子力学的効果を考えることによって保証されることはたくさんあります．カセットテープは CD や MD になる，このようにデジタル化されている．非線型の古典力学に対して量子力学は線型化された世界です．ただし，

有限次元ではなくて無限次元ですが．無限次元，非線型，デジタル，と並べると，量子力学はデジタルで，無限次元の線型ということですね．

線型，非線型について念のために簡単に復習しましょう．ブラックボックスがあり，こちらから何かデータを入れればあちらから別のデータが出るという機械を頭のなかで考えましょう．入力データの量が倍になったら出力データも倍になり，3倍になれば3倍になる，これが線型です．これに対して非線型ブラックボックスは，入力と出力の関係が複雑です．入力を2倍にしても出力が2倍になるとは限らない．それどころか，あるデータに対して出力データがわかっているとして，入力データを少し変えると出力も少しだけ変わるだろうかというと，とんでもない，その保証もない．まったく予想もできない答えが返ってくることもある．その例がカオスです．

微分方程式については非線型であっても，ある意味では応答はいい．近いデータに対しては近い答えを得る．しかし，差分系，離散的な方程式，そういう世界ではカオスもあり得る．データが少し違うととんでもない答えが出てくるという意味です．簡単なモデルにもそういう世界がある，これも20世紀末の再発見というべきでしょう．ネズミ算の方程式の話で，ネズミの総数があまり大きくなると非線型効果が出てくるということでした．このときに現れる非線型方程式はロジスティック方程式

$$\frac{dy}{dt} = \alpha y (\beta - y), \quad \alpha\beta \neq 0$$

です．この微分方程式を差分化した方程式

$$y_{n+1} = \alpha y_n (\beta - y_n)$$

の解はカオス的な振る舞いを示します．現実と対応させると，ネズミや魚の増え方は微分方程式的な振る舞いをするが，非常に長い時間をかけて成虫になるある種の昆虫は，その総数の変化が差分的になり，イナゴの大発生のような現象が現れる．この年にイナゴが大発生したということは現象として知られていたが，これに対して非線型差分方程式の解のカオス的な振る舞いについて数学的研究が進んだ．実際に数理生物学という分野では非線型微分方程式や非線型差分方程式の解析が行われています．

薩摩　「非線型」というキーワードは，「デジタル」と似た感じですね．また，「差分」もしくは「離散」も同時にキーワードになるといま思っています．微分方程式のモデルでは絶対に捉えることのできない現象が差分方程式，独立変数が飛び飛びの値しかとらない方程式には現れる．この差分方程式は現象を見るための，一番よいモデルの1つです．しかし，差分方程式はあまりにも一般的過ぎるので，微分方程式という近似を扱う．これまではそれで十分，そういう世界を主に考えていた．

　ところで，線型の場合には差分でも微分でもほとんど同じような結果になるということは，私達は経験的に知っていますが，非線型のときには同じ微分方程式であっても，その差分化をどのように取るかによって見える世界が違う．

　桂　見え方が変わる．

　薩摩　差分をどう扱うかということは，大きな問題ではないでしょうか．

　岡本　念のために復習しましょう．差分方程式とは高等学校で習った数列の漸化式のようなものですね．

　薩摩　高等学校では漸化式として教えているもので，

　岡本　これも差分方程式の1つ．

　桂　もともと微分は差分から極限をとることで得られた，次に微分方程式から出発してこれを差分に戻す，なかなか深いですね．

　薩摩　ニュートンは微分方程式で運動法則を表した．あれは微分だからできた．もし微分方程式ではなくて差分方程式だったとしたら，どうだったのだろうか．差分でも同じようなことを考えることはできます．速度は別に瞬間的な速度でなくても，平均的な速度を考えればいい．私の意見は，確かにそういうものは考えられるけれども，コンピュータもなかった時代には，進歩はものすごく遅かっただろう．もし，コンピュータがその当時すでにあれば何かしらのことがなされていたかもしれないと思います．

　桂　400年くらいかかることになる．数学はほんとにいろいろなところで使われている．いままでのことを復習してみましょう．古典力学については，まず微分積分学がニュートンとライプニッツによって創られ，星の運動，ロケットの運動がわかる．19世紀にマクスウェルが電磁方程式を発見し，電気

と磁気の法則が明らかになって，電磁気学ができる．これも数学で表された法則の1つです．素粒子論ではゲージ理論と呼ばれている理論があります．古典的な物理学の法則は微分方程式で表されます．もっと発展して，素粒子を記述する方程式を考えよう．トポロジーの分野でファイバーバンドルというものが考えられていますけど，ゲージ理論はこの概念と結びついているから，ここでも高級な数学が使われている．

　アインシュタインの一般相対性理論にはリーマン幾何学が使われていますが，リーマン幾何学は微分幾何学の1つの分野で，距離のスケールが各点で異なるさまざまな幾何学的な対象を扱うものです．それまで数学者が数学として研究してきたものがまさに一般相対性理論で使われている．一般相対性理論の運動方程式は，幾何学的には，測地線の方程式になっています．このように数学の概念が使われている．

　量子力学に現れる数学的対象はヒルベルト空間という無限次元で線型の空間ですが，その理論についてはすでに作用素論とか数学者がいろいろ研究している．量子力学を通してナノテクノロジーではその数学が実際に使われ活きている．

　最近の素粒子論では，スーパーストリングとか，ストリング理論というものがありますが，ここでは素粒子は点ではなくて1次元的な弦であると考えています．弦が運動すると曲面ができ，ここでもまた代数幾何学が使われる．最先端の素粒子理論でも代数幾何学が重要な役割を果たす．そういう時代です．

　このように眺めると，数学はとくに初めから応用を考えているわけではないが，完備された理論はやはり自然を表す何物かに関係している．そういうことになりますね．

　岡本　人間が頭の中で抽象化して考えたものが，自然現象の解析に使われている．いかに数学は汎用性があるとしても，一見その問題と関係ないところで調べられた数学が使われていく，不思議ですね．その使われ方も，単にあれば便利だとかいうだけではなくて，古典力学を例にとれば，星の運動を完璧に記述するためには，結局微分積分学という数学を創らざるを得ない，そういう使われ方です．

　繰り返しになりますが，複素数についてコメントします．自然の世界は実

数で表される世界で，複素数とは何ら直接的関係はない．そのはずなのに，量子力学は複素数なしでは数学的記述ができない．量子力学を使っているミクロの世界のテクノロジーすべてについて，こういうことを実現するためには複素数の概念が必須である．

離散的な対象，有限体などは「自然」と最も遠いように思える．確かに自然と直接的にはつながっていないかもしれないが，情報，コンピュータ，観測ということに関連して，私達の社会とは切っても切れないものになっている．

自然と数学，社会と数学という2つの問題を考えると，とても重い問いかけをせざるを得ない．「数学はなぜ自然を正確に記述するのか」，「なぜ数学は，コンピュータ等を通して，人間社会に大きな影響を与えるのか」．現実にそうなっているのだけれど，哲学的な問題としてもなかなかおもしろいのではないでしょうか．

桂　なぜか数学が人間の生活に密着しているところがありますね．たとえば数理ファイナンスと確率論ですが，デリバティブというものがありまして，この方面では確率解析という高級な数学が使われている．経済学の世界では，ゲームの理論が国家間の戦略に不可欠なものになっていて，ノーベル経済学賞受賞者も何人か出ている分野ですが，この数学の分野が重要な役割を人間社会で果たしています．

それとともに，暗号理論や符号理論にも整数論や代数幾何という抽象度の高い数学が実際に応用されていて，結果として私達の安全な生活を守っている．不思議といえば不思議ですが，やはり数学は人間社会に密着しながらこれまで発展してきたということを感じます．

薩摩　初めの問題提起に戻りましょう．ガリレオの言葉，「自然は数学で書かれている」ですが，私は「数学は科学を語る言葉だ」と言います．拡大解釈しているわけですが，自然現象だけではなくて，社会，生命体，文化その他いろいろなものを語るときに，ごく自然に出てくる言葉であるから，このように使われているのではないでしょうか．

桂　まさに文化と深く関係している．

薩摩　メディアも文化の1つで，私達がこのように話し合っていることも文化ではないか，そういう気がします．文化にも数学は深く関わっていると

いう気がします．

桂 社会がこれから発展していくと，たとえば量子コンピュータのようなものが開発され，それとともに新しい数学がまた芽生えて，21世紀にはそれらのことに密着した数学も展開していくと思います．実際，第13章で紹介した「暗号」も，もし量子コンピュータが実現すると，現在使われている「公開鍵暗号」が破られてしまう．もしそうなったら，また新しい数学を創り，量子計算という世界に乗るようなテクノロジーを創らなければならない．このようにして，人間の文化と密着しながら，とりわけコンピュータの発達と密着しながら，数学も進展していくことになるのではないでしょうか．

岡本 20世紀に進展した数学は，数学の長い歴史，5000年として，そのなかで非常に特異な時代であると思います．という意味は，20世紀には数学の純粋さが強調され，孤立したというと言い過ぎかもしれないけれども，ともかく独自の発展を遂げていった時代だろうということです．一番関係が深い，仲がよい物理学との関係について見ると，19世紀までは物理と数学はそんなには違っていない，一緒だった．日本の学会については，物理学会と数学会が数学物理学会からそれぞれ分離独立したのは1947年です．

　ところが20世紀の終わりごろから，物理学はもちろんとして，いろいろな自然現象，社会現象の解析ともう一回密接に結びついて，21世紀を迎えた．こういう方向に数学がますます発展していく，多くの方がこのことを頭の片隅に置きながら学習や仕事を進めていただけるとありがたいと思っております．

∞ これからも数楽——あとがきに代えて

♪ ビートルズ『レット・イット・ビー』

本書をまとめるにあたり，3人の著者，岡本和夫，薩摩順吉，桂利行に，編集者の丹内利香さんを加えたメンバーで鼎談[1]をした．その内容を整理したものが本章であり，これをもってあとがきに代えたい．2時間以上，速記録で40ページを超える，出席者が言いたい放題の鼎談を数ページに縮約したわけなので，数学を楽しむ様子が伝わるかどうか少し心配ではある．整理するにあたって，当日の雰囲気が十分に伝わらないとしたら，その表現の不備は岡本の責任である．言い訳はこれまでにして，とり急ぎ鼎談に入ろう．

𝄞1　何のための数学か

岡本　私達が「数学は大事だ」と大きな声で言ったところで，しょせん内輪の発言なので，いまひとつ説得力に欠けるかもしれない．数学という学問をどのように捉えているかは人さまざまでしょうが，それにしても数学者，数理科学者としてのスタンスと，数学を教えるときのスタンスは同じではないでしょう．繰り返し薩摩さんが言っているように，数学は本来こういうものと考えるけれど，みんなに数学の楽しさを伝えるためには，必ずしもそのスタンスから話しているだけではない．たとえば対象が学部の学生とかであれ

---
[1] 鼎談とは3人でするものなので，正しくは鼎談に一人加わった，あるいは拡張された鼎談，というべきである．しかし面倒なので以下では単に鼎談という．

ば工夫もいろいろあるでしょう．

薩摩 私はいつもそう考えている．長年，数学の教育をやってるから，「教育」という形ではなくて，「これからの数学はどういう勉強をしていったらいいのか」ということを伝えたい．「教育論」を論じるというよりも，いままでとちょっと違う数学を見せたほうが読者にとって親切になる．

岡本 もともとの放送大学のテキスト[2]は，教養課程ではなくて専門課程の授業として作られた．だから，微分積分の知識も仮定しているし，線型代数も使っている．今度の本を読んでもらいたい，そのターゲットも同じです．一方で高校生が読んだってわかるだろうし，読んでほしいと思うんです．第∞章に載せる鼎談としては，「東京大学出版会版の本を作るときに思うこと」がまず伝わればいい．

桂 「こんな本を出しましょう」という心ですね．それから元のテキストでは，我々の若い頃の話には触れていないでしょう．未来に向けて，「以前はこうだったけれど，いまからはこうだ」みたいな話題です．

岡本 昔は若かったね，我々も．

桂 そういう話じゃなくて！

丹内 それは私も聞きたいです．数学と社会のかかわり方はものすごく変わっているから，その変化というのはおもしろいと思っています．

岡本 では，最初にテキストをまとめたときに書き残したこと，もう少しこういうことを書いておけばよかったと思うことから始めましょう．まず薩摩さんからどうぞ．

𝄞2 微分，離散，超離散

薩摩 書き残したことについて考えました．私の研究内容は，最近はもっぱら超離散系ですが，ここには強い思い入れがある．もともと私は工学部出身で流体を研究していた．そこから数学に移ってきたので，結局，現象をどう

---

[2] 正確には「印刷教材」というべきである．

見るかに興味がある．境界層方程式の差分解法で，オレイニク[3]が解の存在と一意性を証明するのに用いた差分方程式が実際に数値計算に使えるか，それが私の卒業論文のテーマだった．

微分方程式よりも，解析という基礎なしにどのような解になるかということに興味を持って，修士論文が乱流拡散の数値計算．これはセルオートマトンです．2次元ランダムウォークでメモリ付きというもの[4]を数学的に追究するのは難しいけれども，コンピュータが使えるようになった時代だから，入力は紙テープ，出力はラインプリンタ，それの1，0の並びを見て，どのように拡散しているか調べることができた．いまだったら，コンピュータが全部自動的にやってくれる．どっちがいいかというのはようわからん．

ともかく，そういうものでも様子がわかるということを意識として持っていた．博士論文のテーマはKP方程式，非線型シュレーディンガー方程式とか，微分方程式でした．最初は差分系，次にいまの言葉で言うと超離散系，そしてそれから連続の式に入っていった．

意識としては，結局，どのようなものを用いても現象が見えればいい．連続系はとても有用であった．適切な関数を導入して，それで現象がわかりやすく表されるというのは非常に便利であって，ニュートンが微分積分を導入していなかったら，進歩はきわめて遅かったということは間違いない．

一方，現代はコンピュータが日常的になって，解析手法は必ずしもいままでのように微分積分を使うとは限らないという気持ちを持っている．とくに超離散系は，独立変数も従属変数もすべて離散的な系で，これはまさにコンピュータ用の言葉である．コンピュータは実数を知らないが，それでもかなりの現象が記述できる．

岡本 偏微分方程式は物理学に関係するものが中心の話題でしたが，生物学のモデルもある．テキストではロジスティック[5]方程式に触れていますが，非線型のロトカ–ヴォルテラ[6]方程式は紹介していません．

---

3) Olga Aesen'evna Oleinik (1925–2001). 旧ソ連の著名な女性数学者である．
4) 非マルコフ過程である．
5) ロジスティックは日本語では兵站という．ロジスティックさんの方程式ではない．誤解なきように．
6) Alfred J. Lotka (1880–1949). アメリカの人口学者，Vito Volterra (1860–1940). イ

薩摩　ロジスティックも含めて，1950–1960 年までは考え方の基本は物理学であった．物理法則を基に方程式を立てて解析する．ロトカ–ヴォルテラ方程式の研究も初期の時代では，非線型方程式であるからたいしたことはできなかったのではないか．物理法則に相当する法則を式で書いて，実際にコンピュータで解く．これまでは燃焼や化学反応も難しかった．社会，経済なんかはもっと難しいわけですね．それがコンピュータのおかげで見えるようになった．ある種の法則を仮定して，そういうものを実際に解いてみせて，ああでもない，こうでもないと言える時代になっている．

𝄞3　気合，体力，運

　岡本　ロトカ–ヴォルテラの解は周期的ですが，離散可積分系の研究が盛んになる初めのころ広田良吾先生がその離散化を考えていた．その解は数値実験では周期的になるように見える．私は不思議だな，と思っていました．ロジスティックの微分方程式の差分化は場合によってはカオス的な振る舞いをすることは知られていたから．
　薩摩　広田先生の対象は，比較的構造のいいロトカ–ヴォルテラで，差分方程式でも，周期的な解を持つことがあり得る．現実には，ロトカ–ヴォルテラの解はさまざまなパターンを示す．
　岡本　非線型微分方程式を差分化しても，周期的な解が見えることもある．そうすると，保存量は何だ，とかいう話に当然発展する．実は私は自分でも数値計算をいっぱいしたんです．でも何にもならなかった．
　薩摩　いやいや，それが大切なんです．無駄なことなどはないというのが私の強い主張です．誤解を恐れずに言うと「研究は博打である」というのが私の標語です．
　岡本　私は「研究は気合である」と言ってる．

タリアの数学者．つまりこの方程式は研究者の名前に由来している．以下，数学者の名前が出てくるたびに注を付けることはしない．興味のある読者はインターネットなどで自らお調べいただきたい．

薩摩　気合であるし，大切なことは，失敗しないといいものは出てこない．これは正しいと思う．

　桂　広中先生もそういう意味のことを言っておられました．

　薩摩　岡本さんが言いたいのは運・鈍・根だね．

　岡本　私は運・鈍・根というより，気合，体力，運です．

　薩摩　運の部分が博打かな．もちろん博打だけではだめで，気合と体力，失敗をかさねてそれで運がよければ……．

　岡本　離散でもいいものと悪いものがある．非線型の微分方程式でもいいものと悪いものがある．パンルヴェ方程式もいいものとは必ずしも考えられてはいなかったけれど，調べてみるとけっこういいものでした．

　薩摩　パンルヴェ方程式研究は解析学の本流であると思っている．19世紀の終わりから20世紀の初めにかけてパンルヴェが発見した6つの非線型微分方程式はきわめてよい性質を持っているが，その数学的構造は何十年もわからなかった．ハミルトニアンを使ってその代数的構造を明らかにしたのが岡本さん．その仕事の後，パンルヴェ研究は飛躍的に発展した．たとえば離散系でも同じ構造を持つことがわかった．離散パンルヴェIが物理の論文に出た後，物理的に重要なのでほかにいろいろないかということで，私の研究仲間のパリのグループは，統一的にそういうものを見つける手段としてシンギュラリティ・コンファイメントという方法を用い，離散パンルヴェ方程式の族を一挙に見つけた．しかし，大事なものを見逃していて結局坂井秀隆さんが全体像を明らかにした．

　岡本　実験でも上手な場合はかなりいいところまでいくんだけど，坂井さん流に理論的に突き詰めれば，数学だからすべての場合が尽くされて新しいものが見つかる．

　薩摩　そうだよね．漏れがあったらいかん，数学の大切なところだから．

♪4　代数幾何学の心

　岡本　ここで，桂さんからいろいろ聞きましょう．代数学は広いから書い

てないことはたくさんあるでしょう．

桂 ええ．書いてあることの方が少ないです．対象を非常に限定して，整数論の初歩と，応用として符号理論，暗号理論といういまインターネットで重要なことを集中的に紹介しました．これは代数学の1万分の1ぐらいかな．私の専門の代数幾何にはほとんど何も触れていない．

岡本 代数幾何学は前世紀に大きく発展した分野だから，若い頃どんな勉強をしたのか少し話してください．

桂 私が学生のときは1970年代ですけれど，その少し前，1940年代から60年代はフランスでブルバキという集団が大活躍した時期です．その影響が数学界ですごく大きなウエートを占めていて，代数学がある意味で全盛期でした．とくに，アレキサンダー・グロタンディックという大天才が出て代数幾何学を根本から書き換えた．パリの郊外のフランス高等科学研究所 (IHES)でグロタンディックを中心にセミナーが行われた．

岡本 その代数幾何の大改造が一段落しかけたころに桂さんは数学科に進んだのだから，影響を受けないわけにはいかない．

薩摩 桂さんもそのセミナーに出ていたの？

桂 私がフランスに行ったのは1970年代終わりだから，グロタンディックはもう南フランスに移っていた[7]．私が大学1年生で習った線型代数の先生が佐藤幹夫先生だったものだから……．

薩摩 ああ，非常にいい先生に．

桂 大学1年生の終わりぐらいだったかと思うのですけれど，佐藤先生が代数解析学の業績で朝日賞を受賞された．それで私の頭は代数の方にバッと行って，完全に代数から入ったんです．柏原正樹さんというすごい先輩が代数幾何の概念を使って佐藤超関数の理論を発展させていた．だから代数幾何からやろうかなと思ったら，そのまま専門が代数幾何になってしまって……．

薩摩 すみません，それだけ数学に影響を受けているのに，何で一度は物理を志望したのか，それについて話してくれますか．

桂 東大は2年生の半ばで専門を決める．どっちに行こうか，すごく迷っ

---

7) ピレネー山脈の中で隠遁生活をしているとも言われていたが，2014年11月13日に逝去された．享年86歳．

たんですよ．迷ったけれど，何か物理のほうが王道みたいな気がして．でも結局3年生になるときに数学科に移ってしまった……．

薩摩 おう（笑）．

丹内 そうなんだ（笑）．

桂 代数幾何は勉強し始めたら大変なんですよ．そのころは，高次元の代数幾何はまだほとんどできなくて，2次元までは小平邦彦先生が昔のイタリア学派の仕事を，岡潔先生とか，アンリ・カルタンが開発した層の理論を使って，完全に近代化された．だけど，3次元以上なんて1970年代にはほとんどわかっていなかったんですよ．その状態のとき，1978年か79年ごろ，森重文さんがハーツホーン予想という難しい予想を解いたんです．

薩摩 それが次元が高い場合だった．それでフィールズ賞をとられたんですか．

桂 違います．そのときに使った方法が，後に森の大理論といわれるものだった．

薩摩 やっぱり，真っ直ぐではなくて，いろんなところから，ひょっとしてものすごいおもしろいものが出てくる．

桂 その理論がものすごく重要で……．その後，川又雄二郎さんが高次元でいい仕事をした．結局，極小モデル，代数多様体の一番大事なものは何かという話なんですけれど，そういうものが3次元でもつくれることを最後に示したのが森さんで……．

薩摩 それがフィールズ賞．しかし，いまの話を聞いておもしろかった．フィールズ賞へ行くまでに，一本道ではなくて綿々とした仕事がある．これはやっぱり数学ならではということですね．

岡本 桂さんの専門は森さんの話とは少し違っていて，正標数の代数幾何ですね．

桂 正標数とは，ある素数pを決めておいて，1をp回足すと0になる．いわばデジタルの世界．その世界で幾何をやるというものですが，それも含めてグロタンディックは理論をつくっている．それでも1960年代はまさかこれが，たとえばコンピュータの世界とか，情報の世界に使われるとは思われなかった．1980年代の最初のころに，ゴッパという人が代数曲線を使っておも

しろい符号を構成した．また，暗号の世界でも楕円曲線暗号，超楕円曲線暗号とか，1980年代にいろいろなものが出てくる．

薩摩 ああ，やっぱりこれもだいたい80年ごろですか．いまでは，符号や暗号が使われている場所は想像を絶するぐらい広くなっている．

桂 どこにもデジタルがある．インターネット，電子投票，電子マネーとか，全部公開鍵暗号です．公開鍵暗号や符号理論はある意味で私の副業みたいなところですが，そこをクローズアップして書いたのがこの本の後半です．根底にある代数幾何も，21世紀に入ってものすごく進歩している．

5 数学，理論物理

薩摩 桂さんには，「代数幾何から素粒子論へ」ということについても話してほしい……．

丹内 素粒子論ですか？

桂 超弦理論，スーパーストリング・セオリーという話で，もともとは1960年代の終わりに南部陽一郎先生のハドロンの運動を記述しようという仕事だったのですが，実はもっと小さい素粒子の運動を記述するのに役に立つということを，1984年頃グリーンとシュワルツが発見した．そこから世界中で研究が盛んになった．それが代数幾何と非常に関係がある．その理論によれば，この宇宙空間は10次元である．宇宙ができた最初のビッグバンのときは10次元だったのだけれど，時空4次元が広がり残りの6次元は小さく丸まった．

薩摩 それが代数幾何と非常にしっくりいく．

桂 丸まったところは実6次元なのですが，複素数の次元で見れば複素3次元となる．複素3次元代数多様体にカラビ–ヤウ多様体[8]というのがありま

---

[8] このように，数学では定理や数学的対象に数学者の名前を使うことが多い．一種の習慣なのでいまさら変える必要はないが，数学を楽しむことを伝えるためには一工夫あってもいいと思われる．ダークマターとかMACHO (massive compact halo object)とか，天文学での命名法はなかなかよさそうである．

すが，実はこれが残りの6次元を表していることが物理的に示せる．

　岡本　そのカラビ–ヤウはどこにいるの．

　桂　虫眼鏡でも見えないから見つけるのは難しい．一方，弦理論では素粒子は点ではなくて弦で振動している．小さいから点にしか見えないけれど，弦が移動すると曲面ができる．その曲面には複素構造が入っていろいろな代数曲線になる．その代数曲線全部が，弦の生涯のすべてのバラエティである．可能性のあるものを全部集めたものは代数幾何で言うモジュライ空間である．そこでいろいろな量を計算すると物理的に意味のあるものが出てくる．簡単に言うとこれが弦理論です．

　薩摩　モジュライ空間は，代数幾何学で別途発展していた．それに物理学で発展しているものがあるとき交差してしっくりいくことがあとでわかった．

　桂　そう．1986年に賢島で研究会があり，物理学者と数学者が集まって勉強会をした．代数幾何と素粒子論では言葉の使い方も違うからその相互理解から始めた．直観の働き方も違うし……．一部の数学者はそれに惹かれて，理論物理学者は数学の情報を得て，研究が盛んになっている．

　岡本　物理学では数学から見ると不思議なことをやる．歴史的にも現実的にも，いいものは最後につじつまが合う，なぜだろう？

　薩摩　物理はつじつまを合わせる学問．

　岡本　だけど，数学的にもつじつまが合う．

　薩摩　物理学では，ニュートンの運動法則とか，自然界を理解するためにモデルを提出する．判断の基準は「よく合う」ことが大切で，運動法則を証明しようとしてもできる筋合いのものではない．いかにうまく説明するかというのが物理のスタンスであって，場合によっては数学的にいい加減なこともあるが，結局は普遍的に使われるものだけが残る．そういうものは数学的な構造も非常にいい．

6　代数の世紀

　岡本　桂さんの話に出てきたブルバキですが，ニコラ・ブルバキは普仏戦

争のときの将軍の名前です．

薩摩 頭文字をつなげてブルバキになったわけではない．

岡本 違います．今日は桂さんと会うから必ずブルバキが出るはずだ，というわけで私は最近出版された普仏戦争の歴史の本を買ってきて読んだ．若い数学者集団がブルバキと名乗ったのだが，誰が命名して誰が使い始めたか，その理由は何か誰か教えてください．それはともかく……．

桂 ブルバキがすごく活躍をしていたのは 1940 年代から 60 年代，いまは活動をほとんど停止している．1990 年代後半にブルバキの本が 1 冊出たんじゃなかったかな．

岡本 たぶん最後はリー群・リー環の第 7 章，第 8 章．

桂 そうかもしれない．私が数学をやり始めた 60 年代のころは，ブルバキの『数学原論』をみな少なくとも手に取った．とにかく，ブルバキは数学を結局は代数化していこうということであったと思うけれど，いまは流れが全然違いますね．

薩摩 その方向は，結局どうだったのでしょう，私は外側しか見ていないけれども，ブルバキの方向は，意味のないこととか，あることとか，あるいは必要であったのか……．

岡本 ブルバキの『数学原論』は「ユークリッドの『原論』」と同じ気持ちとしてはいけないかな．ブルバキの創設者の一人であるアンドレ・ヴェイユの自伝によるとストラスブール大学でどうやってストークスの定理を教えるかという議論から始まったという．

薩摩 流体力学に出てくるストークスの定理．

岡本 そうです．教科書というと，当時はグルサの解析教程はあるけれど，厳密性[9]に欠ける，リゴラスに教えるために何が足らないかというので，数学を創り直そうという動機で始まったと書いてあります[10]．

---

9) 曲面上の積分とか，微分型式とか基礎的な部分に曖昧さが残るということを，厳密性に欠けると言っている．「厳密」の意味するところには，英語の exact と rigorous に対応して，2 つの側面がある．具体的な場合には exact に計算できるので厳密で曖昧さのない結果が得られる．

10) 一点の曇りもないように理論構築をして，完全な形でストークスの定理を証明する，ということである．ちなみに現実のブルバキの教科書には，多様体の要約にストークスの

薩摩　それにしても，ブルバキは一般の教育としては難しくなり過ぎている．

桂　2000年頃カルチエが回想を書いていて，これをすべての人の教科書だと思って考えたのが間違いだったと反省している．

岡本　ブルバキの初めは1930年代で，大学で数学を勉強しようというのは世の中で非常に限られた人だった．1970年代の大学生とは数が違うし，現在と比べようもない．しかも数学の使われ方も根本的に違う．1930年代に微分積分を学ぶ人がどれくらいいたのだろう．1970年代では，高等学校で微分積分を習う．世の中の数学に対するスタンスも違うし，すでにブルバキの時代ではないが，それなりの必然性があったと思う．一方では私や桂さんの世代は，ブルバキの強烈な，無条件的な影響が一段落してはいた．ルネ・トムのようにはっきりとブルバキはだめだという人も出てきていた．それでもある意味でブルバキは定着している．ブルバキの最大の影響力は数学の論文を変えた．

桂　書き方をね．

岡本　数学の論文のスタイル，定義，定理，証明，そして最後に参考文献．

薩摩　ああ，あの無味乾燥なスタイル，あれはブルバキの影響を受けているの．

岡本　ブルバキは新しいスタイルだけれど，それをそのまま学生に伝えるのではなくて，それをもとにして，どういう伝え方をするかを考える，ちょうどそういう過渡期だったと思う．1から10までびっしり証明したものがあるとすれば，必要ならばそっちへ当たればいいので，学生に伝えるべき本質ではないという立場もあり得るのではないか．

7　そして数楽

薩摩　好きな人には「ブルバキがあるから，それで勉強しなさい」，そういうガイダンスをするというのが教育．もし，ブルバキの原論に従って講義を

定理が述べられているが，要約なので証明はない．

やったとしたら，大半の学生は絶対寝るよ．

岡本　寝ていてもいいのです，本があるから．

薩摩　数学をどうやって教えるかは，いまでもものすごく難しい．僕は一応答えを考えてきた．結局，数学というのは自分で勉強するものである．だから，講義なんていうものは，それに対するモチベーションを与えるものである．いまではいろいろなやり方で情報が手に入る．講義を聴きノートをとる，どちらがいいかと問われたら，手で書くということは，物を考えさせる．本を読む，書く，計算する，これは物を考えるためにやる．だから本を買いましょうと言いたい（笑）．

桂　この本は最適です[11]．

岡本　本の中にそれを書いても誰も買わない．話を戻すと，数学では計算は実験みたいなものでしょう．

薩摩　そうです．そういうことです，私の言いたいことは．

岡本　だから，計算は数学では大事だ．薩摩さんと私は同意見だからいいとして，桂さんの意見を聞こう．

桂　計算ね，最終的には計算は実験ですから，それだけでは論文にはならない．

薩摩　実験だけれど，ボーっとして実験しているわけではない．

桂　実験しているうちにだんだんわかってくる．「あ，こうか」と．

薩摩　だんだんわかってくる．そういう意味で非常に大切．私の好きな話だけれど，人間にはビジュアル人間とオーディオ人間の2種類ある，ビジュアル人間はすべて思考を幾何学的にやり，オーディオ人間は計算する．

桂　私もビジュアル人間みたいです．

薩摩　僕は典型的なオーディオ人間．僕は小さいときから計算が好きで，すべてそういうものでしか物を理解できない．

---

[11] 内山龍雄『相対性理論』（岩波全書）の序文に，「本書を読破したなら，相対性理論を理解したという自信をもってさしつかえない．（中略）もし本書を読んでも，これが理解できないようなら，もはや相対性理論を学ぶことはあきらめるべきであろう」とある．気合の入った良書であるが，本書は違ったところに気合を入れて書かれている．すなわち，こちらはもっと気楽な気持ちで楽しんでいただくための数学書である．

丹内　どっちに向いているかによって分野を決めるというのは，あまり関係ないですね？

薩摩　関係ないと思う．自分の得意なもの，自分ができるものをやる．

桂　数学をやっている人には碁とか将棋が恐ろしく強い人もいるし，全然興味がない人もいる．

丹内　興味ない人もいるのですか．私，興味がある人がほとんどかと思っていました．

薩摩　いやいや，そんなでもないみたいよ．音楽とは深く関わる．それはどうでしょう．

岡本　数学者には音楽ファンが多い，ジャンルはさまざまだけれど．

桂　グッドタイミング，調べてきた名言があります．シルベスターは言いました．「音楽は感覚の数学であり，数学は理性の音楽である」．

岡本　おう，うまいこと言うね．これ，この本の表題に使おうか．

桂　そこでもう1つ披露します．19世紀，ロバチェフスキーは言いました．「いかに抽象的であろうと，いつか現実世界の現象に応用されないような数学の分野は存在しない」．

岡本　事実だろうな．

薩摩　我々が生きている間にはないかもしれないが，これはこれで数学のいいところ．

以上のように鼎談をまとめてみた．繰り返しになるが，ここからも「自然と社会を貫く数学」の思いと，数学を楽しもうという心をくみとっていただければ幸いである．本章だけでなく本書中の対談や他の鼎談でも，数学用語を説明なく使っているが，興味を持たれた場合には必要に応じて読者の皆さんが自ら本やインターネットなどを利用して調べていただきたい．物事のすべてを理解することと，そのことを楽しむこととは独立なことがらであろうと信じている．

索引

ABC

AES *141*
BCH 符号 *158*
DES *141*
MDS 符号 *157*
$[n,k,d]$-符号 *154*
RM 符号 *158*
RSA 暗号 *144*
RS 符号 *157*
S 字状曲線 *98*

ア 行

アインシュタイン *64*
アダマール *121*
アドルマン *144*
アーベル *124*
誤り検出符号 *151*
暗号文 *141*
閾値 *98*
位相速度 *91*
一般解 *40*
ヴァレ・プーサン *121*
運動の法則 *28*
エルガマル暗号 *146*
エルミート *126*
　　── 多項式 *56*
オイラー *59, 120*
　　── の公式 *45, 91*
重さ *154*

カ 行

ガウス *123*
　　── 整数 *126*
カオス *101*
可換環 *125*
鍵 *141*
拡散係数 *72*
拡散方程式 *72, 76*
カルダノの公式 *124*
ガロア *124, 134*
　　── 体 *134*
奇数 *119*
基底 *138*
基本行列解 *50*
球 *153*
求積 *39*
境界条件 *55*
共通鍵暗号 *142*
虚数 *123*
　　── 単位 *55, 122*
虚部 *122*
キンク *104*
偶数 *119*
グリースマ限界式 *155*
ケプラー *28*
ゲルフォント *126*
限界距離復号法 *154*
原始関数 *30*
原始根 *135*
語 *152*
公開鍵暗号 *142*
格子ソリトン *104*

187

光錘　69
合同　131
　　──式　131
　　──類　132
公約数　129
コーシー　63
ゴッパ符号　158
固有関数　80
固有値　21, 80
コルトヴェーグ–ドフリース方程式　102
ゴールドバッハの予想　121

サ 行

斉次形　41
最小重み　154
最小距離　153
最大距離分離符号　157
最大公約数　129
最大値原理　84
差分方程式　73
次元　138
　　──数ベクトル空間　137
自然数　119
実数　122
実部　122
シャミア　144
主軸変換　21
シュナイダー　126
シュレーディンガー方程式　56
巡回符号　158
純虚数　123
常微分方程式　40
初期条件　33
シングルトン限界式　155
酔歩　74
数理モデル　31
スカラー　137
整数　119
正則関数　121

全エネルギー　46
線型　44
　　──符号　154
双曲型方程式　72
相空間　47
相対最小距離　154
素数　120
ソリトン　102

タ 行

体　125
太鼓の振動　92
代数幾何符号　158
代数的数　125
楕円型方程式　72
楕円曲線暗号　149
互いに素　129
ダランベール　62
　　──の解　88
単独微分方程式　34
チェビシェフの定理　121
超越数　125
調和関数　72
調和振動子　55
調和方程式　77, 82
定数変化法　54
定積分　30
ディフィー　142
ディメンジョン　31
テイラー展開　75
ディリクレの算術級数定理　121
伝送率　154
天体力学　39
同値関係　131
特殊解　40
特殊関数　56
特性曲線　88

ナ 行

内部境界値問題　83
波の位相　91
2項分布　74
2次元ランダムウォーク　76
ニュートン　28, 30, 58
熱方程式　72

ハ 行

倍数　129
波動方程式　72, 86
バネ質点系　71
場の世紀　59
ハミルトニアン　47, 55
ハミルトン系　47
ハミング距離　153
ハミング限界式　155
ハミング符号　157
パリティー検査行列　156
万有引力の法則　28
光ソリトン　104
非斉次　41
非線型　44
微分作用素　55
微分積分学の基本定理　30
微分方程式　30
標準基底　138
平文　141
ヒルベルトの第7問題　126
フィボナッチ数列　117
フェラーリの公式　124
フェルマーの小定理　135
複素共役　123
複素数　122
符号　152
　── 長　152
双子素数　121

フックの法則　43, 71
不定積分　30
部分空間　138
フラクタル　102
フーリエ　59, 78
　── 級数　81
　── ─ベッセル展開　94
プロトキン限界式　155
分散関係式　91
分散性　89
ベクトル　137
ベッセル関数　93
ベッセル微分方程式　93
ベルヌーイ　60
ヘルマン　142
偏微分方程式　40, 71
ポアソンの積分公式　84
ポアンカレ　39, 64
放物型方程式　72
ポテンシャル　38
ボルツマン　64

マ 行

マクスウェル　64
マルサスのモデル　40, 73
無理数　122
メルセンヌ素数　120

ヤ 行

約数　129
有限体　134
有理数　122
有理整数　119

ラ 行

ライプニッツ　58
ラインドール　141

ラグランジュ　60
ラプラシアン　72
ラプラス方程式　72, 77
ランダウ記号　75
ランダムウォーク　74
リヴェスト　144
力学の世紀　58
離散対数　146
　　―― 問題　146
離散モデル　73
リード−ソロモン符号　157
リード−マラー符号　158
リプシッツ条件　35

リーマン　63
　　―― のゼータ関数　122
　　―― 予想　122
量子化　55
リンデマン　126
連立微分方程式　34
ロジスティック写像　99
ロジスティック方程式　97

ワ 行

和空間　138
割り切る　129

著者略歴

岡本和夫（おかもと・かずお）［第 0–5, 10, 15, ∞ 章担当］
1948年　東京都に生まれる．
　　　　東京大学大学院理学系研究科修士課程修了．
現　在　独立行政法人大学評価・学位授与機構理事．東京大学名誉教授．
　　　　理学博士．
主要著書　『解析演習』（共著，東京大学出版会，1989）．
　　　　　『微分積分読本』（朝倉書店，1997）．
　　　　　『パンルヴェ方程式』（岩波書店，2009）．

薩摩順吉（さつま・じゅんきち）［第 5–9, 15, ∞ 章担当］
1946年　奈良県に生まれる．
　　　　京都大学大学院工学研究科博士課程修了．
現　在　武蔵野大学工学部教授．東京大学名誉教授．
　　　　工学博士．
主要著書　『確率・統計』（岩波書店，1989）．
　　　　　『物理の数学』（岩波書店，1995）．
　　　　　『微分積分』（岩波書店，2001）．
　　　　　『物理と数学の2重らせん』（丸善，2004）．

桂　利行（かつら・としゆき）［第 10–15, ∞ 章担当］
1948年　兵庫県に生まれる．
　　　　東京大学大学院理学系研究科修士課程修了．
現　在　法政大学理工学部教授．東京大学名誉教授．
　　　　理学博士．
主要著書　『代数幾何入門』（共立出版，1998）．
　　　　　『代数学 I　群と環』（東京大学出版会，2004）．
　　　　　『代数学 II　環上の加群』（東京大学出版会，2007）．
　　　　　『代数学 III　体とガロア理論』（東京大学出版会，2005）．

数学　理性の音楽　　自然と社会を貫く数学

2015 年 4 月 23 日　初　版

[検印廃止]

著　者　　岡本和夫・薩摩順吉・桂　利行
発行所　　一般財団法人 東京大学出版会
　　　　　代表者 古田元夫
　　　　　153-0041 東京都目黒区駒場 4-5-29
　　　　　電話 03-6407-1069　　Fax 03-6407-1991
　　　　　振替 00160-6-59964
印刷所　　三美印刷株式会社
製本所　　牧製本印刷株式会社

Ⓒ2015 Kazuo Okamoto *et al.*
ISBN 978-4-13-063902-6 Printed in Japan

[JCOPY]〈(社) 出版者著作権管理機構 委託出版物〉
本書の無断複写は著作権法上での例外を除き禁じられています．複写される場合は，そのつど事前に，(社) 出版者著作権管理機構（電話 03-3513-6969，FAX 03-3513-6979，e-mail: info@jcopy.or.jp）の許諾を得てください．

解析演習	杉浦・清水・金子・岡本	A5/2900 円
微積分	斎藤 毅	A5/2800 円
線型代数学	足助太郎	A5/3200 円
大学数学の入門 1 代数学 I　群と環	桂 利行	A5/1600 円
大学数学の入門 2 代数学 II　環上の加群	桂 利行	A5/2400 円
大学数学の入門 3 代数学 III　体とガロア理論	桂 利行	A5/2400 円
現象数理学入門	三村昌泰編	A5/3200 円
非線形・非平衡現象の数理 1 リズム現象の世界	蔵本由紀編	A5/3400 円
非線形・非平衡現象の数理 2 生物にみられるパターンとその起源	松下 貢編	A5/3200 円
非線形・非平衡現象の数理 3 爆発と凝集	柳田英二編	A5/3200 円
非線形・非平衡現象の数理 4 パターン形成とダイナミクス	三村昌泰編	A5/3200 円

ここに表示された価格は本体価格です．御購入の際には消費税が加算されますので御了承下さい．